MATERIAIS ELÉTRICOS

Blucher

Walfredo Schmidt
Engenheiro, professor e pesquisador do
Conselho Nacional de Desenvolvimento
Científico e Tecnológico (CNPq)

MATERIAIS ELÉTRICOS

Isolantes e magnéticos

Volume 2

4ª edição revista

Materiais elétricos - vol. 2: Isolantes e magnéticos

3ª edição - 2010
4ª edição - 2019
Editora Edgard Blücher Ltda.

Blucher

Rua Pedroso Alvarenga, 1245, 4º andar
04531-934 - São Paulo - SP - Brasil
Tel 55 11 3078-5366
editora@blucher.com.br
www.blucher.com.br

Segundo o Novo Acordo Ortográfico, conforme 5. ed. do *Vocabulário Ortográfico da Língua Portuguesa*, Academia Brasileira de Letras, março de 2009.

Dados Internacionais de Catalogação na Publicação (CIP)
Angélica Ilacqua CRB-8/7057

Schmidt, Walfredo
Materiais elétricos : isolantes e magnéticos : volume 2 / Walfredo Schmidt. - 4. ed. rev. - São Paulo : Blucher, 2019.
176 p. : il.

Bibliografia
ISBN 978-85-212-1410-6 (impresso)
ISBN 978-85-212-1411-3 (e-book)

1. Engenharia elétrica - Materiais 2. Materiais isolantes 3. Materiais magnéticos I. Título.

18-2185 CDD 621.3

Índice para catálogo sistemático:
1. Materiais elétricos: Propriedades: Engenharia elétrica

Conteúdo

Apresentação

Existem várias publicações a respeito de materiais elétricos com textos um tanto diferenciados no seu conteúdo. Alguns autores concentram sua atenção nos componentes elétricos, outros nas propriedades das matérias-primas de que são fabricados os componentes e, ainda há os que dão preferência à ciência dos materiais, ou seja, à física dos mesmos.

Em nosso entendimento, é importante que o leitor tenha elementos para entender o motivo de um componente ser construído com determinadas matérias-primas, e estabelecer uma base de conhecimento para avaliar se determinada solução também se aplica a uma situação de diferente natureza. Este raciocínio é fundamental para entender e interpretar certas limitações impostas pelas normas técnicas da ABNT/COBEI, que são as referências técnicas que o profissional sempre precisa ter presente, para saber se sua proposta para resolver dado problema é ou não conflitante com as determinações legais.

Em comparação a edição anterior deste volume, demos especial atenção à atualização de Grandezas e Unidades de Medida, tornando-as coerentes com o Quadro de Unidades do Sistema SI, de acordo com decretos legislativos editados pelo INMETRO – Instituto Nacional de Metrologia, Normalização e Propriedade Industrial.

Este volume 2 de *Materiais elétricos*: isolantes e magnéticos, acompanhando a orientação do volume 1 de *Materiais elétricos*: condutores e semicondutores, apresenta as propriedades das matérias-primas sob diversas condições de uso, como variação de temperatura, condições de umidade, tempo de uso, entre outros, de uma serie de materiais e processos em uso atualmente. Semelhantemente aos exemplos dos outros dois volumes desta coleção, novas tecnologias e outras mais tradicionais, mas em uso, e mesmo referências justificadas de procedimentos que caíram em desuso, mas que, em função da vida útil da solução adotada ainda são encontradas.

Os volumes, nesta edição, ainda são complementados por gráficos, tabelas e curvas características, que são muito úteis para avaliar o comportamento de dada matéria-prima.

Capítulo 1

Dielétricos e suas propriedades elétricas

Dielétricos ou materiais isolantes se caracterizam por oferecerem uma considerável **resistência** à passagem da corrente, comparativamente ao valor intrínseco correspondente **dos materiais condutores**.

Tal comportamento tão diverso tem seus fundamentos **em propriedades físicas** dessa família de materiais, propriedades essas que passaremos a analisar.

1 • POLARIZAÇÃO DO DIELÉTRICO

O comportamento dielétrico no campo elétrico

Uma propriedade fundamental de todos os dielétricos é **a polarização de suas partículas elementares**, quando sujeitas à ação de um campo elétrico. Define-se por **polarização** um deslocamento reversível dos centros das cargas positivas e negativas na direção do campo elétrico externo aplicado. Por ser reversível, essa direção acompanha, ou pelo menos tende a acompanhar, a **própria orientação** do campo elétrico aplicado.

Baseado na grandeza **da constante dielétrica**, podemos antever o comportamento de um material quanto à sua polarização, envolvendo o fator de perdas dielétricas ou, simplesmente, **fator de perdas**, no caso em que a polarização existente em um isolante traz consigo uma elevação de temperatura, resultante de um **consumo de energia**.

Sabendo-se que todos os dielétricos de uso industrial apresentam certo volume reduzido **de cargas livres**, temos de contar sempre com o aparecimento de uma corrente de dada intensidade, através da seção transversal do isolante, quando ao dielétrico aplicamos uma **determinada tensão**. O mesmo fenômeno pode ser notado sobre a **superfície externa** do isolante, o que define duas grandezas isolantes das mais importantes, que são, respectivamente, **a rigidez dielétrica e a resistência superficial de descarga**.

Todos os dielétricos possuem um valor limite de solicitação elétrica, valor esse que é característico **de cada material** sob condições normalizadas pré-especificadas. Sendo ultrapassados esses valores, ocorre uma modificação geralmente **irreversível** no material, como, por exemplo, sua **ruptura dielétrica, deformação permanente, modificação estrutural** etc. Frequentemente, essa modificação afeta fundamentalmente as propriedades isolantes do dielétrico.

2 • A POLARIZAÇÃO DO DIELÉTRICO E A CONSTANTE DIELÉTRICA

A polarização de um dielétrico pode ocorrer das duas maneiras mostradas a seguir.

a) Se o **isolante é constituído de átomos**, que não apresentam **momento dipolar**, então o deslocamento dos núcleos das **cargas positivas e negativas** sob a ação de **campos externos** é tanto maior, quanto mais elevada a **intensidade do campo** que é aplicada e, com ele, a ação da força desse campo. Uma vez **eliminado** o campo externo, os átomos **voltam** à sua posição inicial e a polarização desaparece, pois os centros de cada grupo de cargas **voltam** à situação inicial.

b) Se, numa segunda hipótese, **o dielétrico for constituído de partículas elementares** (elétrons, prótons etc.), que por si só já são **dipolos** (por exemplo, moléculas) que, devido à sua constituição **química**, já são dotados de cargas positivas e negativas, a **ação** do **campo** elétrico **externo** tenderá a orientar as partículas de acordo com a própria **orientação** do campo elétrico externo. Quanto mais **intenso** é o campo, tanto mais **elevado** é o trabalho de orientação das partículas elementares, observando-se de modo mais acentuado a **elevação de temperatura**, devido à transformação do trabalho de orientação em calor. Dependendo da estrutura do dielétrico, uma polarização pode acontecer perante **total ausência** de energia externa.

Nesse último caso, **não** se manifesta a elevação de temperatura mencionada na primeira análise. Devido ao aparecimento da polarização, aparecem as assim chamadas **cargas visíveis** sobre a superfície do dielétrico ou, de modo mais geral, na **superfície limitadora** entre dois dielétricos (Figura 1.1).

A maioria dos dielétricos apresentam uma variação linear entre polarização e a ação do campo externo. Em alguns casos, essa variação não é linear, porque aparece o fenômeno da **saturação**.

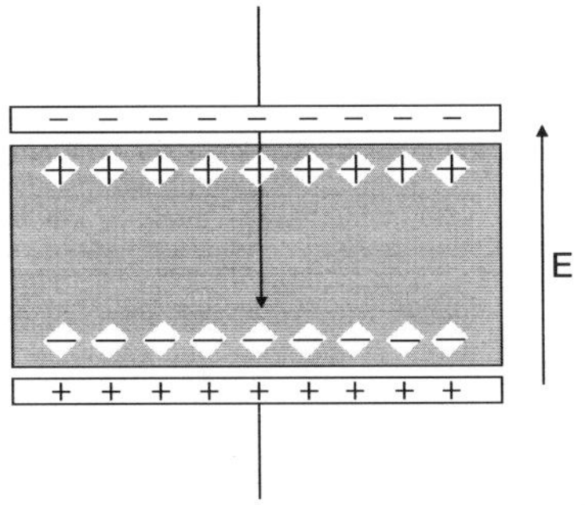

Figura 1.1 • Distribuição de cargas em dielétricos polarizados.

Qualquer pedaço de um isolador ou isolante, que se localiza entre duas partes condutoras entre as quais existe **uma diferença de potencial**, pode ser encarado como um **capacitor**, com uma capacitância específica. A **carga Q** do capacitor é dada pela equação

$$Q = CU,$$

onde C é a capacitância e U a tensão aplicada.

Da definição da carga Q resulta a propriedade dielétrica conhecida por **constante dielétrica**, ε, dada por

$$\varepsilon = \frac{Q}{Q_0},$$

onde Q_0 é a carga do capacitor quando o dielétrico é o **vácuo**. Compondo estas duas equações, temos, ainda, que

$$Q = \varepsilon Q_0 = \varepsilon C_0 U$$

Temos ainda, para um dado valor de **tensão constante**, que a **constante dielétrica** é função de

$$\varepsilon = \frac{C}{C_0}$$

Outra grandeza é a **suscetibilidade dielétrica**, κ, assim definida:

$$J = \kappa E,$$

onde E é o **campo elétrico** e J é o **grau de polarização**. Resulta ainda, através de diversas transformações físicas, a equação

$$\varepsilon = 1 + 4\pi\kappa$$

A **suscetibilidade dielétrica**, κ, e a **constante dielétrica**, ε, podem por sua vez, ser relacionadas sob o ponto de vista atômico, com o **trabalho de polarização realizado** sobre os átomos.

3 • FORMAS FUNDAMENTAIS DE POLARIZAÇÃO

Analisando a existência da polarização de um dielétrico sob o ponto de vista atômico, podemos **distinguir três formas** de polarização: a dos **elétrons, a dos íons e a dos dipolos.**

A **polarização dos elétrons** ou *eletrônica* é proveniente de um deslocamento elástico dos elétrons ligados ao núcleo de um átomo, pela ação de um **campo elétrico externo**. Nesse caso, ocorre, portanto, um **deslocamento do centro de gravidade** das cargas positivas e negativas, em **uma partícula elementar**, que assim origina um **dipolo**. O tempo para aparecer o citado desequilíbrio pode ser **desprezado** na polarização dos elétrons, pois se situa numa ordem de grandeza de 10^{-13} a 10^{-15} segundos. O trabalho de polarização eletrônica (de elétrons) é **designada por** α_E, grandeza essa independente da **temperatura**.

Constata-se, entretanto, que a capacidade de polarização de partículas **se reduz** com elevação da temperatura; a justificativa desse comportamento repousa no fato de que, com elevação da temperatura, **o corpo se dilata**, com o que se **reduz** o número de partículas por unidade de volume. A dependência do valor da **constante dielétrica** de um isolante, em função da temperatura, é somente condicionada pela **variação** de sua densidade.

A polarização eletrônica aparece em **todos** os tipos de isolantes, apresentando uma característica **totalmente reversível** e independente de **perdas** de energia.

A **constante dielétrica**, ε, de uma substância, na qual aparece uma polarização eletrônica pura, sem outras formas de polarização, é dada **pela igualdade de Clausius-Massotti**, que assume a forma

$$\frac{n^2 - 1}{n^2 + 2} \times \frac{M}{\rho} = \frac{4}{3}\pi N \alpha_E = R_H,$$

onde:

n é o número de partículas por unidade de volume (cm^3);

M, o peso molecular;

ρ, a densidade da matéria;

N, o número de Lorschmidt;

α_E, a capacidade de polarização; e

R_M, o índice de refração molecular.

Esse índice R_M estabelece estreita **correlação** entre a eletrotécnica e a óptica.

Passemos à análise da **polarização dos íons**, ou *polarização iônica*. Esta é característica de **sólidos**, cujas partículas são **íons**, baseando-se num **deslocamento** dos íons, elasticamente posicionados em seus lugares. A capacidade de polarização iônica de uma certa quantidade de material vem designada por α_I, cuja grandeza se **eleva** com **temperatura crescente**, tendo, nesse caso, **a constante dielétrica** uma variação **positiva** (no mesmo sentido) **com a temperatura**.

Esse é o resultado da dilatação do corpo, ou seja, do **aumento da distância** entre as partículas do corpo, e, com isso, ocorre o enfraquecimento das **forças atuantes** entre os íons. O tempo de atuação no caso da polarização iônica não é superior a 10^{-13}s, vindo acompanhada, frequentemente, de uma pequena elevação de temperatura devido às perdas joule.

Como terceira forma de polarização, temos a chamada **polarização dipolar**, que se distingue da polarização eletrônica e iônica, sobretudo pelo fato de que a primeira tem estreita correlação com a movimentação das partículas, devido ao efeito da temperatura, e se aplica somente a partículas que, devido à sua estrutura química, **apresentam característica dipolar**. A orientação de cada dipolo individual obedece a **uma distribuição estatisticamente determinável** no estado livre (sem estar sob a ação de efeitos externos), ordenando-se, porém, quando sob a ação de um campo externo de acordo com a orientação deste, em porcentagem maior ou menor. A polarização dipolar é, portanto, possível apenas nos casos em que uma orientação prévia natural dos **dipolos não** se **oponha** ou **impeça** a ação orientadora de um campo externo. As forças moleculares de orientação e posicionamento natural perdem sua intensidade com a elevação da temperatura, devido à **dilatação** do corpo que assim resulta, o que, consequentemente, eleva a polarização dipolar do dielétrico. Entretanto, simultaneamente, a elevação de temperatura se **opõe** à polarização, pois maior temperatura leva a uma maior movimentação desordenada das partículas. Portanto a polarização dipolar, perante a elevação de temperatura, apenas se modifica dependendo da resultante entre os dois efeitos analisados.

A polarização dipolar, ou seja, a **rotação do dipolo** de acordo com o sentido do **campo externo** aplicado, exige um tempo comparativamente bem mais longo do que o das demais formas de polarização. Nos dielétricos **líquidos** e **sólidos**, a resistência à polarização dipolar é tão grande que esta **não se completa** quando a orientação do campo se modifica em pequenos intervalos de tempo, como é o caso normal da **corrente alternada**. Assim, a polarização **dipolar decresce** com **aumento da frequência elétrica**.

Ao lado dessas três formas de polarização, aplicável a dielétricos de estrutura relativamente simples, aparece ainda uma **quarta polarização** em estruturas moleculares mais complexas, chamada de **polarização de estrutura** ou **polarização estrutural**. Esta apenas aparece em corpos **amorfos** e em **sólidos cristalinos polares**. É o caso do vidro, onde um corpo amorfo é parcialmente constituído de partículas de íons. A polarização estrutural vem a ser a orientação de estruturas complexas de material, perante a ação de um campo externo, aparecendo devido a **um deslocamento de íons** e de **dipolos**, na presença de **aquecimentos** devido a perdas joule. Quanto à sua dependência com a **temperatura**, a polarização estrutural se comporta como a **dipolar**.

Uma **quinta forma de polarização** foi definida como sendo a **polarização espontânea**. Esta é acentuadamente dependente da **temperatura** e da **intensidade do campo elétrico**, e se caracteriza por valores máximos perante certos valores de temperatura. Também nela aparecem perdas joule e elevação de temperatura. **O mecanismo dessa polarização ainda não está totalmente esclarecido**, supondo-se, entretanto, que sua origem esteja em certas áreas polarizadas de uma estrutura, cujos momentos estão estatisticamente distribuídos quando o **corpo está fora da ação de campos externos**, orientando-se, porém, segundo estes na presença desses campos elétricos.

4 • CLASSIFICAÇÃO DOS DIELÉTRICOS SEGUNDO O TIPO DE POLARIZAÇÃO

Num dielétrico real, as misturas de estruturas de matérias-primas levam à **presença simultânea de diversas das formas** de polarização analisadas. Por isso, resulta um circuito equivalente de um isolante, como o dado pela Figura 1.2, onde cada capacitor **corresponde a um certo tipo de polarização**. A carga Q_0, que um capacitor possui no vácuo, e a carga eletrônica Q_E, resultante da polarização eletrônica, **sempre estão presentes**. Ao contrário, as demais polarizações (iônica, estrutural e dipolar) dependem **do tipo de dielétrico** que estejamos analisando.

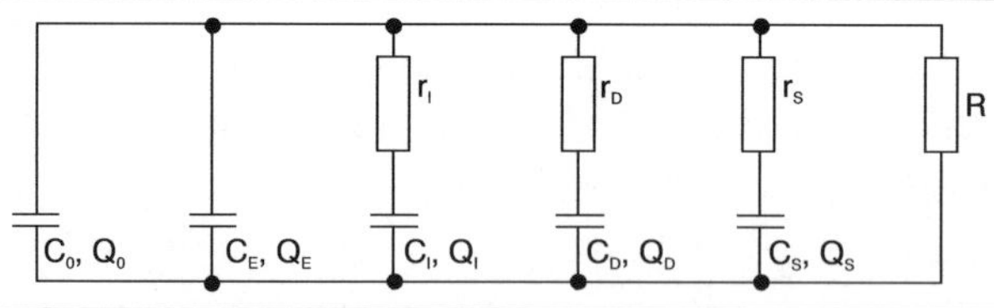

Figura 1.2 • Circuito equivalente de um dielétrico com estrutura complexa com diversos tipos de polarização.
C_0, Q_0: capacitância e carga no vácuo;
C_E, Q_E: capacitância e carga na polarização eletrônica (de elétrons);
C_i, Q_i: capacitância e carga na polarização iônica;
C_D, Q_D : capacitância e carga na polarização dipolar;
C_S, Q_S: capacitância e carga na polarização estrutural;
r_i, r_D, r_S: resistores equivalentes para as perdas respectivas;
R: resistência transversal.

Na Figura 1.2, C_0 representa a capacitância obtida, quando eliminamos **toda e qualquer** matéria-prima no espaço entre as duas placas condutoras de um capacitor. A densidade das cargas por unidade de superfície é o **fator determinante** da intensidade de **campo existente** no dielétrico ou entre as placas, segundo **Ostrogradski-Gauss**. As capacitâncias C_I, C_D e C_s (respectivamente iônica, dipolar e de estrutura) têm, em série, um **resistor**, cuja resistência indica a **dificuldade de polarização**, o que traz como consequência o aparecimento de perdas joule. O resistor E simboliza a dificuldade oferecida à passagem da corrente **transversalmente ao isolante**.

Chega-se, assim, de modo genérico, à seguinte igualdade:

$$Q_\Sigma = Q_0 + Q_E + Q_I + Q_D + Q_S,$$

como fórmula do somatório das cargas num dielétrico, enquanto a polarização é dada por

$$J = \Sigma E'\alpha_E n_0 + \Sigma E'\alpha_1 n_0 \Sigma E' \frac{\mu^2}{3kT} n_0 + \Sigma E'\alpha_S n_0,$$

onde:

J é a polarização;

α_E, a polarização eletrônica da partícula elementar;

α_1, a polarização iônica da partícula elementar;

α_s, a polarização estrutural da partícula elementar;

μ, o momento do dipolo; e

E', a intensidade de campo atuante sobre uma partícula elementar.

A **constante dielétrica**, ε, de um tal dielétrico é assim,

$$\varepsilon = 1 + 4\pi\kappa_E + 4\pi\kappa_I + 4\pi\kappa_D + 4\pi\kappa_S,$$

onde κ_E, κ_1, κ_D e κ_S são as **suscetibilidades elétricas** que se originam nas polarizações respectivas.

As características polarizantes permitem **classificar os dielétricos nos diversos grupos** expostos a seguir.

1° *Grupo.* **Reúne os dielétricos** onde predomina a polarização eletrônica. Incluem-se neste grupo todos os materiais **amorfos e cristalinos sólidos**, cujas moléculas apresentam ausência ou **fraco momento dipolar** (parafina, enxofre, polistirol), bem como os **líquidos e gases** de igual comportamento (benzol e hidrogênio).

2° *Grupo.* **A este pertencem dielétricos** onde se encontram polarização eletrônica e iônica. Incluem-se nesse grupo **os isolantes cristalinos com compacta carga iônica**, como o quartzo, o sal, a mica e o óxido de alumínio.

3° *Grupo.* **Caracteriza-se por uma polarização** eletrônica e de estrutura. **Parte dos materiais** pertencentes a este grupo ainda apresenta **polarização iônica**.

Como exemplos podemos citar os dielétricos orgânicos (celulose, resinas sintéticas termofixas), bem como vidros e isolantes cristalinos (porcelana, mica).

4° *Grupo.* **Apresenta uma composição de polarização** eletrônica e dipolar. Como exemplos, o askarel, o óleo de rícino e outros produtos geralmente líquidos ou pastosos.

5° *Grupo.* **É caracterizado por uma polarização** eletrônica, combinada à espontânea e forma o grupo dos chamados *dielétricos de Seignette.* Exemplos são o sal de seignette e o metatitanato de bário.

5 • AS PROPRIEDADES DE MATERIAIS ISOLANTES

Os isolantes são **caracterizados** por uma série de propriedades, cujos valores numéricos **os identificam em termos quantitativos** e cuja variação informa **aspectos qualitativos.** Essas propriedades variam o seu valor numérico de acordo com as **condições físicas de seu uso** (como, por exemplo, variações de temperatura e umidade, tensão elétrica aplicada etc.). Assim, para sabermos se uma dada condição de serviço influi, e até que grau, sobre as características do material, é **imprescindível comentar** de que modo e em função de que grandezas, as características dos isolantes podem variar. Iniciemos o estudo proposto com a **constante dielétrica.**

6 • A CONSTANTE DIELÉTRICA DOS GASES (C)

Como vimos em análise anterior, a **constante dielétrica** varia em função da **polarização.** Como os gases têm um afastamento intermolecular bastante grande, e assim apresentam pequena densidade, a sua polarização é **pequena** e a constante dielétrica é, praticamente, **igual a 1 (um).** A fórmula de Clausius-Massotti adquire forma simplificada, a saber:

$$\varepsilon = 1 + 4\pi\alpha\eta_0$$

Os gases apresentam pura polarização eletrônica ou uma **combinação** de polarização eletrônica e dipolar. No primeiro caso, tem-se

$$\alpha = \alpha_E$$

e, no segundo, $\alpha = \alpha_E + \dfrac{\mu^2}{3kT}$.

A Tabela 1.1 relaciona uma série de gases **polares** e **não polares**, com indicação da **constante dielétrica**, do **raio molecular** e do **coeficiente** η_D. Como se pode concluir, a constante dielétrica é tanto maior quanto maior o raio molecular, o que é devido à simultânea **elevação de** α_E. Observa-se, além disso, que também em gases polares a polarização eletrônica predomina.

Tabela 1.1 • Valores de constantes dielétricas de gases (ε)

Gás	Valor de ε para t = 20 °C	Raio da molécula (cm)	Fator η_D	η^2_D	Polarização dos gases
Hélio	1,000072	$1{,}12 \cdot 10^{-8}$	1,000035	1,000070	não polar
Oxigênio	1,000027	$1{,}35 \cdot 10^{-8}$	1,00014	1,00028	não polar
Hidrogênio	1,00055	$1{,}82 \cdot 10^{-8}$	1,00027	1,00054	fracamente polar
Argônio	1,00056	$1{,}83 \cdot 10^{-8}$	–	–	não polar
Nitrogênio	1,00060	$1{,}91 \cdot 10^{-8}$	1,00030	1,00060	não polar
Gás carbônico	1,00096	$2{,}3 \cdot 10^{-8}$	–	–	polar
Etileno	1,00138	$2{,}78 \cdot 10^{-8}$	–	–	polar
Metana	1,00095	–	1,00044	1,00088	polar

A variação do valor da **constante dielétrica de gases** com a **temperatura e a pressão** é devida a mudança do número de moléculas por unidade de volume, quando pressão e temperatura variam. Como a **grandeza** η_0 varia diretamente com a pressão e inversamente com a temperatura, podemos calcular o valor de α baseado na fórmula anterior.

A Tabela 1.2 demonstra a variação do valor da **constante dielétrica** do ar em função da **temperatura** à pressão constante de uma atmosfera, quando o ar está **seco**. A influência da **umidade** é mostrada na Tabela 1.3, que demonstra ser o seu efeito **desprezível** à temperatura ambiente, adquirindo maior importância à medida que a temperatura **aumenta**. Conclui-se ainda, dessa tabela, que a **pressão tem uma influência, sem dúvida, acentuada.**

Tabela 1.2 • Variação entre ε, a temperatura (t) e o coeficiente de temperatura α_T, do ar

t [°C]	α_T[°K]	ε
+ 60	333	1,00052
+ 20	293	1,00058
– 60	213	1,00081

Tabela 1.3 • Variação entre ε e a unidade relativa (%)

Umidade relativa (%)	ε com t = 20 °C
50	1,00060
100	1,00064

7 • A CONSTANTE DIELÉTRICA DE LÍQUIDOS

Isolantes líquidos podem ser constituídos de moléculas **polares** ou **não polares**. Como nos isolantes não polares apenas é admissível a existência de uma **polarização eletrônica**, podemos aplicar ao caso a **fórmula de Clausius-Massotti**. O valor numérico das constantes dielétricas **não é elevado** (geralmente inferior a 2,5).

A variação de ε, em função da **temperatura**, pode ser explicada pela **redução** do número de moléculas por unidade de volume (densidade), quando a temperatura se **eleva**. Matematicamente, a dependência da **constante dielétrica** em função da **temperatura** é dada pela seguinte igualdade:

$$\frac{1}{\varepsilon} \times \frac{d\varepsilon}{dt} = Tk,$$

a qual estabelece a variação de ε por grau centígrado de elevação de temperatura. **O coeficiente de temperatura da constante dielétrica**, *Tk* possui uma grandeza em líquidos não polares semelhante **ao coeficiente de dilatação volumétrica**, com sinal contrário. A Tabela 1.4 traz alguns valores dos isolantes líquidos não polares mais usados.

Tabela 1.4 • Valores de ε e α_T de líquidos não polares e fracamente polares.

Líquido	**N^2_D**	ε	$\alpha_{T\varepsilon} = \frac{\Delta\varepsilon}{\varepsilon \Delta t}$ **[°C⁻¹]**	β_v **[°C⁻¹]**
Benzol	2,25	2,218	$-0{,}93 \cdot 10^{-3}$	$1{,}24 \cdot 10^{-3}$
Toluol	2,25	2,294	$-1{,}16 \cdot 10^{-3}$	$1{,}10 \cdot 10^{-3}$
CCl_4	2,135	2,163	$-0{,}91 \cdot 10^{-3}$	$1{,}227 \cdot 10^{-3}$
Óleo mineral	–	2,200	–	–

Nos líquidos polares, a polarização é determinada por um **deslocamento nas camadas eletrônicas** das partículas elementares (polarização eletrônica) e orientação dos dipolos na direção do **campo aplicado** (polarização dipolar). Como consequência, a constante dielétrica de líquidos polares é **tanto maior quanto maior é o número de moléculas por unidade de volume**. Líquidos acentuadamente polares, com constante dielétrica bastante elevada, como, por exemplo, água e álcool etílico, **geralmente não podem ser considerados dielétricos**, por apresentarem elevada condutibilidade, o que é uma prova de que a simples utilização da fórmula de Clausius-Massotti pode **levar a conclusões erradas**. A razão é que a referida **fórmula não leva em consideração** a forma estrutural da matéria-prima em questão.

A variação da constante dielétrica em função da **temperatura**, no caso de **líquidos polares**, apresenta uma configuração bem mais complexa do que em líquidos não polares, por ser impossível indicar essa variação através de uma igualdade linear. Na Figura 1.3, tal fato é representado, para o caso específico do óleo sintético. Conforme é perfeitamente visível na Figura 1.3, **elevando-se** a temperatura, ocorre **inicialmente** uma **elevação** da constante dielétrica, seguindo-se uma redução lenta. O ponto de rápida elevação de ε, corresponde à situação em que aparece sensível **mudança de viscosidade**. A redução da viscosidade faz com que o **campo externo** tenha mais facilidade para **influir** sobre os dipolos, elevando, assim, a polarização. Porém, quando a temperatura atinge níveis **maiores**, a movimentação térmica das moléculas age **contrariamente** à orientação polar, e ε se **reduz**.

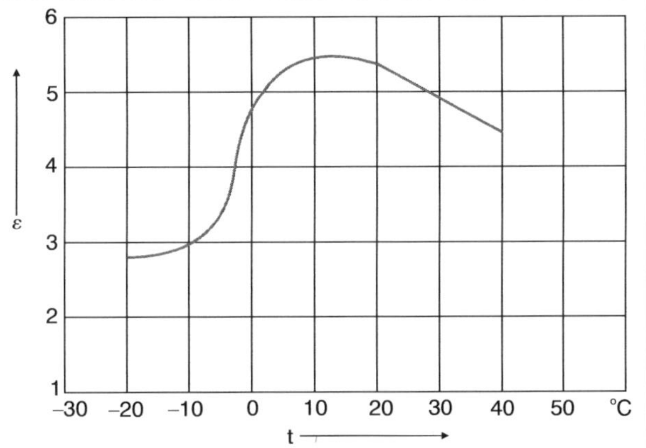

Figura 1.3 • Variação da constante dielétrica de um líquido polar (óleo sintético) em função da temperatura.

A frequência também tem uma sensível influência sobre o valor da constante dielétrica de líquidos polares. Se a frequência do campo externo **é baixa**, de modo que os dipolos possam acompanhar a variação do campo, então ε tem aproximadamente o valor obtido em corrente contínua. Entretanto, perante a ação de campos alternados, a constante dielétrica se **reduz** tanto mais quanto mais **elevada** é a frequência, sendo, nessa fase, consequência única da polarização eletrônica. A frequência, em cujo **valor** ε começa a reduzir o seu valor, é função da temperatura presente e da viscosidade do líquido, dado pela equação

$$f_o = \frac{kT}{8\pi^2 \eta r^3},$$

sendo η, a viscosidade e r, o raio molecular.

A frequência f_0 está relacionada com o tempo de **relaxamento** τ_0 da molécula. Esse tempo é necessário, para que a polarização se tenha reduzido à n-ésima parte inicial.

8 • A CONSTANTE DIELÉTRICA DE ISOLANTES SÓLIDOS

A diversidade estrutural e as variações de matérias-primas neste grupo levam a valores bastante diferenciados de ε. Assim, os sólidos podem-se caracterizar por polarizações eletrônicas, tônicas, estruturais ou espontâneas bem definidas.

A **menor** constante dielétrica é encontrada em dielétricos sólidos, constituídos de moléculas **não polares**, e que assim apresentam uma polarização eletrônica pura. A temperatura influi sobre o valor de ε, devido à variação com a temperatura do número de moléculas por unidade de volume. Para calcular o **coeficiente de temperatura** da constante dielétrica, podemos aplicar as considerações anteriormente comentadas no caso dos líquidos não polares, resultando valores como os indicados na Tabela 1.5.

Tabela 1.5 • Valores de sólidos isolantes não polares com t = 20° C.

Sólido	η_D	η^2_D	ε
Parafina	1,43	2,06	1,9 – 2,2
Polistirol	1,55	2,40	2,4 – 2,6
Diamante	2,40	5,76	5,6 – 5,8
Enxofre	1,92	3,69	3,6 – 4,0

Na Figura 1.4, vem representada, graficamente, a influência **da temperatura** sobre a **constante dielétrica**, no caso particular da parafina como exemplo de isolante não polar.

Nesse caso, a instantânea **redução de ε**, para temperaturas acima de 55 °C, se deve à **fusão** do material, a essa temperatura, e à consequente redução sensível de moléculas por unidade de volume.

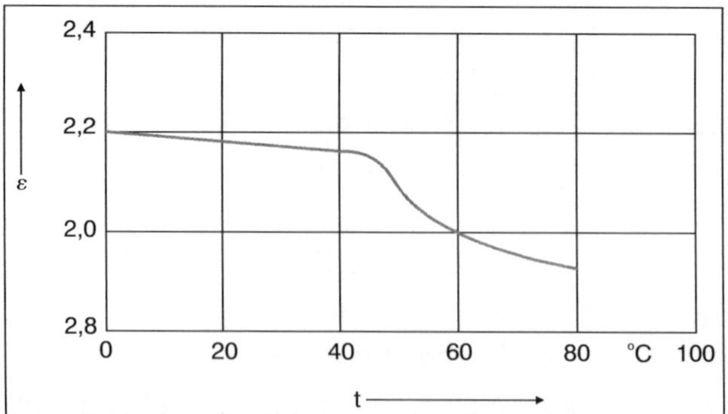

Figura 1.4 • Variação da constante dielétrica da parafina em função da temperatura.

Se as partículas elementares do sólido forem **íons** em forma compacta (cristal iônico), então teremos o caso de **uma polarização eletrônica e iônica**. A constante dielétrica de sólidos com polarização iônica apresenta valores numéricos pertencentes a uma ampla faixa de valores. O **coeficiente de temperatura** da constante dielétrica de isolantes cristalinos com polarização iônica é geralmente **positivo**, pois, perante uma elevação de temperatura, aparecem tanto uma **redução** da densidade quanto uma **elevação** da capacidade de ionização. Como esta última é mais acentuada que a outra, resulta uma elevação de ε com elevação de temperatura. Excessão a essa regra são cristais pertencentes à família dos titanatos e dos dióxidos de titânio, em que, portanto, o **coeficiente de temperatura** de ε é negativo. Na Tabela 1.6, vêm indicados os valores de ε e do coeficiente de temperatura de alguns cristais com polarização iônica.

Tabela 1.6 • Valores de ε e do coeficiente de temperatura da constante dielétrica ($\alpha_{T\varepsilon}$) de cristais iônicos a t = 20 °C.

Cristais iônicos		ε	$\alpha_{T\varepsilon}$ (grau^{-1})
$\alpha_{T\varepsilon}$ Positivo	Corindo (Al_2O_3)	10	$+100 \cdot 10^{-6}$
	Sal (NaC1)	4,3	$+150 \cdot 10^{-6}$
$\alpha_{T\varepsilon}$ Negativo	Rutílio (TiO_2)	110	$-750 \cdot 10^{-6}$
	Titanato de cálcio ($TiO_2 \cdot CaO$)	160	$-1500 \cdot 10^{-6}$

Isolantes polares sólidos com estrutura **cristalina** ou **amorfa**, bem como isolantes **iônicos amorfos**, tais como resinas polares, baquelite, ebonite, cloreto de polivinila (PVC), goma-laca e outros, e ainda celulose e seus produtos derivados (papel, tecido) e vidros inorgânicos, constituem um grupo de isoladores em que encontramos simultaneamente **as polarizações eletrônicas, iônicas e de estrutura**. Classifica-se esse grupo, em geral, nos dois subgrupos vistos a seguir.

1° *subgrupo*. Constitui-se de **dielétricos iônicos amorfos**, como o caso dos vidros inorgânicos. Sua polarização de estrutura é resultante de uma mudança de orientação de áreas iônicas inteiras, devido à ação da temperatura. A constante dielétrica é relativamente grande, sendo da ordem de 4 a 20, e seu coeficiente de temperatura é **positivo**. Elevando-se a presença de íons facilmente deslocáveis, como é o caso dos **metais alcalinos** (lítio e sódio), eleva-se também o valor de ε dos vidros.

2° *subgrupo*. Constitui-se de sólidos polares **cristalinos e amorfos**, nos quais encontramos uma polarização dipolar, semelhante à dos líquidos polares, porém, com tempos próprios de polarização bem diferentes. Essa polarização dipolar deriva da existência de grupos **polares na molécula**, que sofrem acentuada influência da ação de campos externos, que introduzem no sólido uma agitação térmica. Exemplo de tais grupos é a celulose, devido à presença do radical (OH). As constantes dielétricas desses materiais variam acentuadamente com a **temperatura** e com a **frequência** do campo externo aplicado, obedecendo as mesmas leis dos isolantes líquidos polares já analisados. Na Figura 1.5, vem indicada a dependência do valor de ε em função da **temperatura** e da **frequência**. A Tabela 1.7 traz valores de ε para alguns dos materiais desse subgrupo.

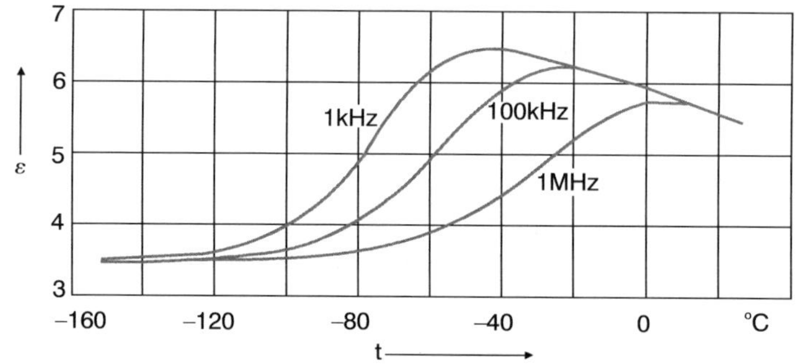

Figura 1.5 • Variação da constante dielétrica de uma cera em função da temperatura e da frequência.

Tabela 1.7 • Valores de ε para isolantes polares sólidos e vidros inorgânicos a uma temperatura de t = 20 °C.

Material	ε	Material	ε
Vidro de quartzo	4,5	Baquelite	4,5
Vidro alcalino	6,5	Celulose	6,5
Cristal	10,0	Cera	5,0

Alguns isolantes cristalinos com estrutura iônica – os do grupo Seignette – mostram ainda, ao lado da polarização iônica e eletrônica, polarização espontânea. Sua constante dielétrica é bem elevada e depende, de modo acentuado, da temperatura e da frequência do campo externo. Uma particularidade característica é sua histerese dielétrica, ou seja, a permanência residual de deslocamentos após a alteração do campo externo. Pertencem a esse grupo os **metatitanatos** de bário e produtos com **enxofre**, estando representada na Figura 1.6 a característica da ε do titanato de bário. Nessa curva, nota-se que a cerca de 100 °C, encontramos um máximo. A temperatura característica em que tal fato ocorre é chamada de temperatura de **Curie**, acima da qual desaparecem as propriedades de Seignette. Ainda acima da temperatura de Curie, o valor de ε é acentuadamente independente da intensidade de campo. Portanto, acima da temperatura de Curie, um dielétrico do grupo Seignette se comporta como um isolante comum, com polarização eletrônica e iônica. Para finalizar, devemos lembrar que esses isolantes **têm acentuadas propriedades piezoelétricas**.

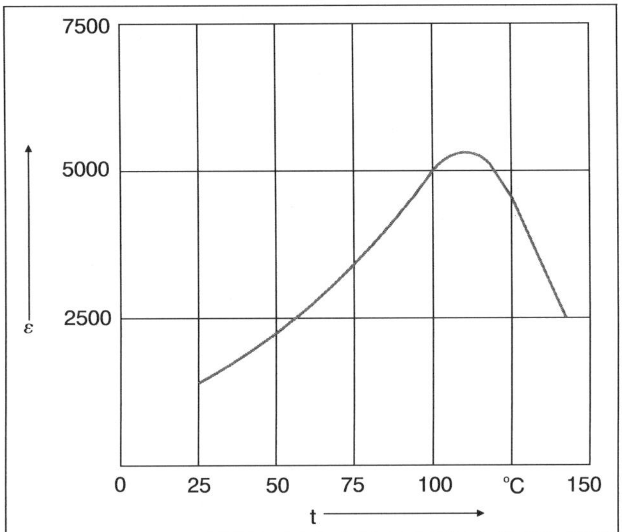

Figura 1.6 • Variação do valor em função da temperatura do titanato de bário.

9 • A CONDUTIVIDADE ELÉTRICA TRANSVERSAL DOS ISOLANTES

Materiais classificados eletricamente como **dielétricos** não são isolantes perfeitos; ao contrário, pode-se constatar que apresentam **uma reduzida** condutividade, a qual, entretanto, é tão pequena que pode ser geralmente desprezada, quando **o material é usado dentro dos limites** a que se destina. Existem, por outro lado, importantes casos de utilização em que, mesmo assim, é necessário conhecer o valor da sua **condutividade**, a qual é consequente não apenas do deslocamento de **elétrons**, mas também de **íons**. Assim, um material que apresenta uma condutividade iônica não pode ser exposto continuamente a uma corrente contínua, pois a condutividade iônica leva à **decomposição eletrolítica** do material. A corrente que assim circula através do isolante será designada como **corrente transversal**.

Ao lado da corrente transversal, aparece uma outra corrente, a **chamada corrente de polarização**, resultante do deslocamento retardado de cargas, devido à ação da tensão aplicada. Essa corrente tem **característica reversível**.

Esses fatos são muito importantes quando se analisa a condutividade transversal de isolantes, pois se o corpo de prova é ligado apenas durante um curto intervalo de tempo, estaremos medindo ambas as correntes, pois o processo de **polarização** ainda está em **andamento**.

A corrente de polarização pode ser particularmente intensa, pois quando o processo de polarização é lento, seu valor vai decrescendo tanto mais quanto mais durar a aplicação da tensão contínua, dependendo o **grau de decréscimo** das propriedades físicas e químicas do material. No seu estado final, as características do material serão estabelecidas apenas pela condutividade transversal e pela grandeza da tensão contínua aplicada.

A redução gradativa da corrente que passa por um isolante pode ser explicada pela formação de **cargas espaciais** em uma fina camada perto dos eletrodos. Imediatamente após a aplicação da tensão no elemento não condutor, nessa camada aparece uma elevação do número de cargas.

O processo é idêntico à carga que aparece num **capacitor**, quando ao dielétrico entre duas camadas metálicas é aplicada uma tensão e aparece uma consequente polarização. Terminado o processo da **formação de cargas espaciais**, na camada próxima aos eletrodos metálicos, a corrente de polarização se torna nula, permanecendo apenas a corrente transversal. A Figura 1.7 mostra uma curva genérica da corrente que passa pela isolante em função do tempo.

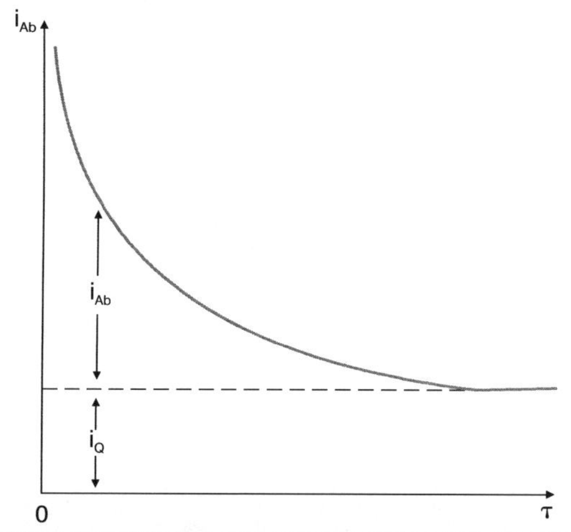

Figura 1.7 • Variação da circulação da corrente em função do tempo em um dielétrico genérico.
i_{Ab}: corrente de absorção originada pela polarização;
i_Q: corrente de perdas devido à resistência da seção transversal.

A **resistência transversal real**, R_v, do dielétrico pode ser calculada pela lei de Ohm, de acordo com a tensão aplicada e a corrente passante, levando-se em consideração a corrente de polarização. Tem-se

$$R_V = \frac{U}{i - \Sigma_{in}}.$$

A correção em termos de corrente é dada por

$$\Sigma_{in} = i_D + i_S + i_p,$$

onde: i_D é a corrente dipolar; is, a corrente de estrutura; *e* i_p, a corrente de polarização na camada adjacente aos eletrodos, e que tendem a zero em função do tempo. **Esse tempo é geralmente de 1 min.**

Relacionado com a resistência, interessa conhecer a **resistividade transversal** ρ_v ou a **condutividade transversal** $\gamma_v = 1/\rho_v$. No caso de um corpo de prova plano, em forma de placa, utiliza-se

$$\rho v = R_v \frac{S}{h} (\Omega \times \text{cm}),$$

em que:

R_v é a resistência transversal, em ohms;

S, a seção dos eletrodos, em centímetros quadrados;

h, a espessura do corpo de prova, em centímetros.

Além das características transversais, interessa também conhecer as características da **condutividade superficial e, derivando desta**, a *resistência superficial*, a *resistividade superficial*, o *afastamento na superfície entre dois eletrodos de prova* e o *comprimento isolante*. A condutividade elétrica de um isolante **depende, acentuadamente**, da estrutura dos materiais analisados, do estado físico, da umidade, da temperatura e do tipo de campo elétrico aplicado, entre outros.

A condutividade elétrica nos gases

A condutividade dos gases é **pequena** quando a intensidade de campo elétrico é **pequena**. Um eventual fluxo de corrente será constituído somente de **elétrons** e de **íons livres**. Uma ionização de moléculas neutras de gás poderá apenas acontecer por meio de **influências externas** ou devido à colisão de moléculas neutras de gás **com partículas carregadas**. Como exemplos de influências externas podem-se citar radiações de **raios X, ultravioletas, radioativas** etc., bem como influências térmicas. A condutividade que assim se manifesta, devido aos agentes externos, varia de acordo com a própria grandeza desses agentes.

Se a energia cinética das partículas, com carga contida num gás, se torna suficientemente **grande** pela ação do campo elétrico aplicado, então estas partículas poderão, no seu deslocamento, **romper moléculas neutras** de gás, ionizando-as, sem, assim, perder toda sua energia. Estabelece-se finalmente uma situação de equilíbrio, em que se observa que o gás apresenta uma acentuada tendência de se comportar como **condutor**, situação em que um gás deixa de ser isolante.

Essa situação é particularmente importante no comportamento **de sistemas de interrupção de corrente**, com seus contatos se abrindo na presença do ar.

O processo da polarização por ionização, devido à decomposição própria e ao fornecimento de íons externos, atua no sentido contrário ao da recombinação, que é a **associação de cargas positivas e negativas**, na tentativa de restabelecer o equilíbrio de cargas. O estado de equilíbrio que assim resulta é, portanto, um processo que **limita** o crescimento ilimitado da **concentração de íons** num gás.

Vamos considerar um dado volume de gás, **com** n_0 **cargas positivas** e, devido ao equilíbrio inicial, **também** n_0 **cargas negativas**. O processo de recombinação de partículas positivas e negativas fará com que, por unidade de tempo, se realizem

$$n_1 = \nu n_0^2$$

recombinações. O fator υ é o chamado **"fator de recombinação"**. Para o ar, υ = 1,6 x 10^{-6}. Se houver n_1 recombinações, a condição de equilíbrio determina que n_2 novos portadores de carga se formaram, e

$$n_2 = n_1 = \nu n_0^2,$$

Se colocarmos o volume de gás considerado entre dois eletrodos paralelos de ensaio, afastados entre si de 1 cm, e aplicando uma tensão a esses eletrodos, então os portadores de carga do gás se movimentarão e darão origem a um **fluxo de corrente**. Uma parte dos portadores de carga inicialmente existentes serão eliminados por recombinação, enquanto outra parte atingirá os eletrodos e lá serão neutralizados. Daí, a expressão anterior passa a ser

$$n_2 = \nu n_0^2 + \frac{j}{q},$$

onde j é a densidade do fluxo de corrente e q a carga do portador de carga. Chegaremos, assim, aos dois casos limites dados a seguir.

1) **A densidade de corrente** j é tão pequena que $j/q \ll \upsilon n^2$, ou seja, o número de portadores de carga, neutralizados junto aos eletrodos é **pequeno**, ficando a maior parte para ser neutralizada por recombinação. Daí poderemos observar que, no caso de pequenas intensidades de campo (que apenas originam reduzido fluxo), **a densidade de corrente é proporcional à tensão aplicada**, ou seja, é válida a lei de Ohm.
2) **O caso inverso**, em que a recombinação perde importância devido ao número de cargas neutralizadas junto aos eletrodos, resulta

$$j = n_0 q(\nu_+ + \nu_-) - n_0 q(\mu_+ + \mu_-)E_1,$$

ou seja, a densidade de corrente não é **mais dependente** da intensidade do campo aplicado. Nesse caso, fala-se em **"setor de saturação"**.

Na Figura 1.8, temos uma curva característica genérica de variação da **corrente em função da tensão**, para uma descarga de um gás sob a ação de **agentes externos**. A primeira parte da curva corresponde ao nosso caso 1, em que a densidade de corrente varia proporcionalmente ao **campo elétrico** aplicado. **Elevando-se** a tensão nos eletrodos de ensaio, **cresce** a parcela de portadores de carga neutralizados junto aos eletrodos, enquanto se **reduz** o número daqueles eliminados pela **recombinação**. A partir de uma determinada tensão nos eletrodos, **todos os portadores de carga** formados no gás **serão absorvidos** pelos eletrodos. Portanto, uma **nova** elevação de **tensão não pode** ocasionar uma elevação do fluxo de corrente (saturação). Essa é a fase da **parte horizontal** da curva. Exemplificando, essa situação ocorre no ar, perante um afastamento entre eletrodos de 1 cm, a uma tensão de 0,006 V. A **densidade de corrente de saturação** para o ar é de 10^{-19} A cm^{-2}; é, portanto, um valor bastante baixo, o que faz com que o ar seja classificado como um **bom isolante**.

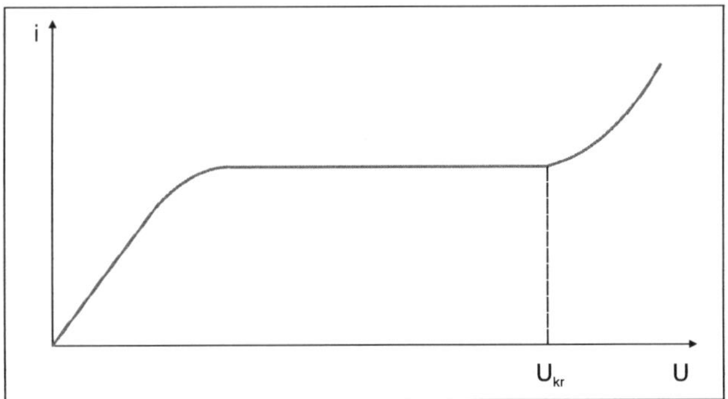

Figura 1.8 • Curva característica tensão-corrente em gases.

Continuando-se o processo de **elevação** da intensidade do campo elétrico, com **elevação** da tensão, nota-se um novo acréscimo da densidade de corrente: é a situação em que o gás começa sua autodecomposição, com **rompimento** de suas partículas em equilíbrio. Determina-se, assim, **uma intensidade de campo crítica**, E_{cr}, que, para o ar, se situa aproximadamente a 10kV/cm. Esse valor estabelece a grandeza **da rigidez dielétrica** do material gasoso. Outros gases terão valores limites diferentes. Por exemplo, **o hexafluoreto de enxofre**, ou SF6, apresenta valores de tensão limite bem mais elevados.

A condutividade elétrica de líquidos

O seu valor está intimamente ligado a **propriedades fisico-químicas** do líquido. No caso de líquidos não polares, a condutividade elétrica depende apenas da presença de **impurezas** não entrosadas com a estrutura molecular (chamadas de *dissociadas*), enquanto no caso de líquidos polares, podemos ainda ter uma parcela de **condutividade** em função da própria dissociação de moléculas do líquido.

As cargas podem ser **transportadas** no líquido por meio de íons ou por partículas maiores. Como praticamente é impossível eliminar, nos líquidos, a ação de **impurezas dissociadas**, sempre haverá uma certa condutividade residual, o que aliás representa uma grave **limitação** na obtenção de líquidos com adequada característica dielétrica.

A condutividade elétrica de líquidos polares é sempre **maior** que a dos não polares. Entre a constante dielétrica e a condutividade existe uma **correlação** dada pelo fato de que **elevando-se** a constante dielétrica do líquido, **eleva-se** também sua condutividade. O aumento de condutividade é tão acentuado que mesmo os líquidos polares, cujo valor de ε é bastante elevado, podem ser considerados como líquidos iônico-condutores.

Um dado líquido isolante não polar pode geralmente ser **melhorado** quanto às suas propriedades isolantes, fazendo passar corrente através do mesmo durante um tempo relativamente **longo**. A explicação do aumento de resistividade que daí decorre é dada pelo fato de **que os íons existentes, provenientes das citadas** impurezas, são assim atraídos para junto dos eletrodos, e lá são **neutralizados**; em outras palavras, esses íons livres são **eliminados**. Esse processo é conhecido como **"purificação eletrolítica"**.

Com elevação da temperatura, **eleva-se** também a condutividade de todos os líquidos isolantes. A razão disso está no fato de que **elevando-se** a temperatura, **reduz-se** a viscosidade e eleva-se **a capacidade de movimentação** dos íons e o grau de dissociação das moléculas do líquido. Ambos esses **fatores elevam** a condutividade (γ). A equação que define essa dependência em termos de temperatura absoluta é

$$\gamma = A \times \exp\left(-\frac{a}{T}\right),$$

onde A é uma constante característica do líquido, e a, um fator proporcional à energia de ativação da molécula do líquido.

Por via experimental, ficou demonstrado que a condutividade elétrica e a viscosidade de um líquido são de tal **modo dependentes** da temperatura, que o produto de ambos permanece praticamente **constante**. Para tanto, deve-se ter atendida, porém, a condição de que o **grau de dissociação** de um líquido permanece **constante** no intervalo de temperatura considerado. Se essa **condição não puder** ser atendida, o produto ($\eta \cdot \gamma$) também se **elevará** com o aumento da temperatura. Na Tabela 1.8 é feita idêntica medição para o **óleo de transformadores**. No segundo caso, a variação da condutividade é determinada pelo **grau das impurezas**, que **cresce** com a **elevação** da temperatura.

Tabela 1.8 • Variação da condutividade elétrica (γ) de óleo para transformadores em função da temperatura.

Temperatura °C	Condutividade $[\Omega^{-1}cm^{-1}]$
20	$2{,}5 \cdot 10^{-13}$
34	$7{,}0 \cdot 10^{-13}$
49	$1{,}6 \cdot 10^{-12}$
64	$2{,}8 \cdot 10^{-12}$
74	$4{,}1 \cdot 10^{-12}$

Perante elevada intensidade de campo elétrico (10^4 a 10^5 V/cm) a experiência demonstra que os líquidos **não obedecem** mais a lei de Ohm. A razão disso é encontrada no aumento que aí ocorre da **concentração de íons livres** sob a ação desses campos. De modo genérico, a Figura 1.9 demonstra essa realidade de comportamento dos líquidos isolantes. No caso de líquidos extremamente puros, analogamente aos gases, uma parte da curva fica na horizontal, o que indica que também neste caso ocorre uma **saturação**. A Tabela 1.9 traz as características de alguns dos isolantes líquidos de maior uso. Aqui, mais uma vez, a confirmação de que, com ε **crescente**, γ **é crescente** ou ρ **é decrescente**.

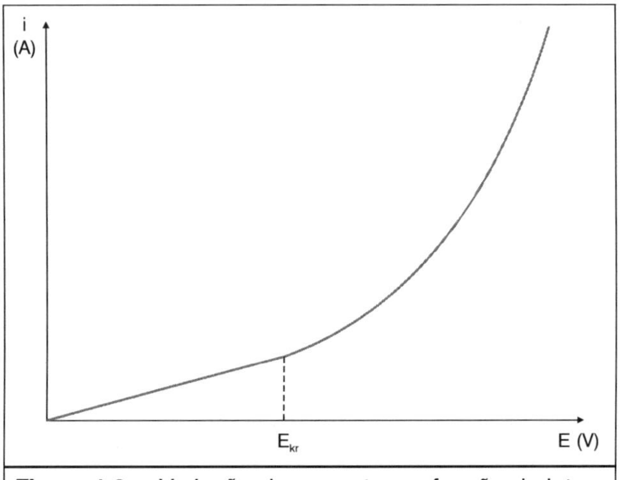

Figura 1.9 • Variação da corrente em função da intensidade de campo E em líquidos isolantes.

Tabela 1.9 • Valores de resistividade elétrica (δ) de diversos materiais da família dos vidros.

Nome e composição do vidro	Resistividade elétrica (δ) em Ω x cm a t = 200 °C
Vidro Pirex com sódio	
SiO_2 – 80,5%	
B_2O_3 – 12,0%	
Na_2Q – 4,5%	$2 \cdot 10^8$
MgO – 0,5%	
Al_2O_3 – 2,0%	
As_2O_3 – 0,5%	
Vidro Pirex com potássio	
Substituição de Na_2O por K_2O_2, e o restante como no caso anterior	$2 \cdot 10^{10}$
Vidro com chumbo	
SiO_2 – 29,0%	
Na_2Q – 3,0%	$2 \cdot 10^{12}$
PbO – 67,8%	
As_2O_3 – 0,2%	

A condutividade elétrica dos isolantes sólidos

Isolantes sólidos apresentam uma condutividade elétrica dependente, tanto de **elétrons livres** quanto de **íons**. Devido ao seu mecanismo um tanto complexo, será dado enfoque à **condução iônica**, discutindo-se a **condução eletrônica** apenas em casos especiais.

As impurezas presentes em um **isolante sólido**, sendo do tipo iônico e apresentando suficiente mobilidade, irão caminhar até um dos eletrodos e lá **serão neutralizadas**, o que significa que **serão excluídas** da estrutura do material. A consequência disso é uma **redução da concentração** dos portadores de cargas e, daí, um **aumento** da capacidade de **isolação** do material. Assim sendo, encontramos nos sólidos um **análogo** à purificação eletrolítica de líquidos isolantes.

A condução iônica em isolantes sólidos com grade iônica é função principalmente do comportamento dos íons que são **arrancados** da **grade**, devido à ação vibratória da energia térmica. Perante temperaturas **elevadas**, os íons serão os da **própria estrutura** cristalina, enquanto a **baixas** temperaturas os íons são sobretudo provenientes das **impurezas**, cujos íons são ligados, de modo menos rígido, ao material.

Ao contrário, a condução iônica de materiais **com estrutura atômica** ou **molecular** dependerá unicamente dos íons presentes nas **impurezas**. No caso geral, é válida a expressão

$$\gamma = qn_o\mu = Nq \times \exp\left(-\frac{W_n}{kT}\right)\mu_n \times \exp\left(-\frac{W_0}{kT}\right),$$

onde:

q é a carga de um íon;

n_o, a concentração de carga por centímetro cúbico;

μ, a mobilidade dos íons;

μ_n, a mobilidade limite;

W e W_o, as constantes de energia.

Essa expressão pode ser simplificada, colocando-se

$$A = Nq\mu_n$$

$$\gamma = A \times \exp\left(-\frac{W_n + W_o}{kT}\right) = A \times \exp\left(-\frac{W}{kT}\right),$$

onde $W = W_n + W_o$.

Desta última expressão, podemos estabelecer a expressão **da influência da temperatura** sobre a condução iônica. Colocando-se $W/k = a$, teremos:

$$\gamma_v = A \times \exp\left(-\frac{\alpha}{T}\right).$$

Incluindo-se, agora, o valor da **resistividade transversal** ($\rho_v - 1/\gamma_v$), teremos, em função da **temperatura**, a expressão

$$\rho_v = B \times \exp\left(\frac{\alpha}{T}\right).$$

Os valores de B e a são característicos para cada material. Na prática, em vez de utilizarmos valores de **temperatura absoluta** (T), usaremos a unidade °C, e as equações de ρ e γ resultam

$$\gamma_t = \gamma_0 \times \exp(\alpha t)$$

e

$$\rho_t = \rho_0 \times \exp(-\alpha t).$$

A condutividade elétrica de isolantes sólidos e sua dependência da temperatura **dependem** acentuadamente **da estrutura** e da **composição** do material. No caso de isolantes cristalinos com estrutura iônica, deve-se levar em consideração a **valência**: íons monovalentes (NaCl) têm uma condutividade elétrica **maior** do que os de valência maior (MgO, Al_2O_3 etc.). A **grandeza** α, apresentada na fórmula anterior, costuma ter um valor em torno de 10 000, em isolantes sólidos com **estrutura iônica**.

Numa série de cristais, a **condutividade elétrica** é diferente quando medida ao longo dos diversos eixos cristalográficos. Esse fenômeno é chamado de **Anisotropia**. Assim, por exemplo, o quartzo, ao longo do seu eixo principal, apresenta uma condutividade cerca **de cem vezes superior** à que é medida ao longo do seu eixo vertical. Analise a Figura 1.10.

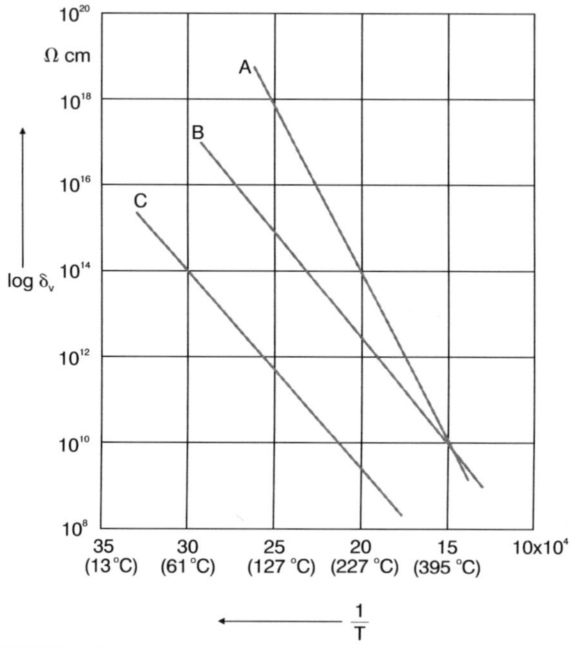

Figura 1.10 • Resistividade transversal do quartzo em função da temperatura.
A – vidro de quartzo; B – quartzo transversal ao eixo principal; C – quartzo paralelo ao eixo principal.

A condutividade elétrica de isolantes **cristalinos** com estrutura **molecular**, como o caso do enxofre, polietileno, parafina etc., é influenciada somente pela presença **de impurezas**.

No caso de materiais **amorfos**, a condutividade é determinada pela presença **de misturas e impurezas**. Polímeros orgânicos de elevado peso molecular sofrem ainda a influência do **grau de polimerização** (plásticos) ou de vulcanização (borrachas). Isolantes orgânicos não polares (polistirol) apresentam, em geral, **pequena condutividade**.

Um grupo **amorfo**, tecnicamente muito **importante e grande**, é o formado pelos **vidros**. Sua condutividade depende acentuadamente da sua **composição**, o que permite variá-la de sorte a obterem-se determinados valores de condutividade exigidos pelo seu uso específico. **Borossilicatos e vidro de quartzo** apresentam pequena condutividade. O valor da **constante (a)** das equações de γ_v e ρ_v é da ordem de 22 000, o que informa sobre uma ligação muito rígida dos íons aos seus lugares na cadeia iônica. Entretanto, para esses mesmos materiais, o **valor da condutividade** é acentuadamente **dependente da temperatura**.

Um **acréscimo** de óxidos metálicos ao vidro poderá influir sensivelmente sobre o valor da condutividade, dependendo da posição do metal na tabela periódica dos elementos. Assim, **óxidos alcalinos** elevam, por exemplo, a condutividade. Acrescentando Na_2O, a variação será maior do que se for K_2O. Tratando-se de acréscimos **de óxidos de metais pesados**, por outro lado, o valor da condutividade cai acentuadamente.

Na Figura 1.11, está a representação gráfica dos valores **da resistividade transversal da porcelana** em função da temperatura.

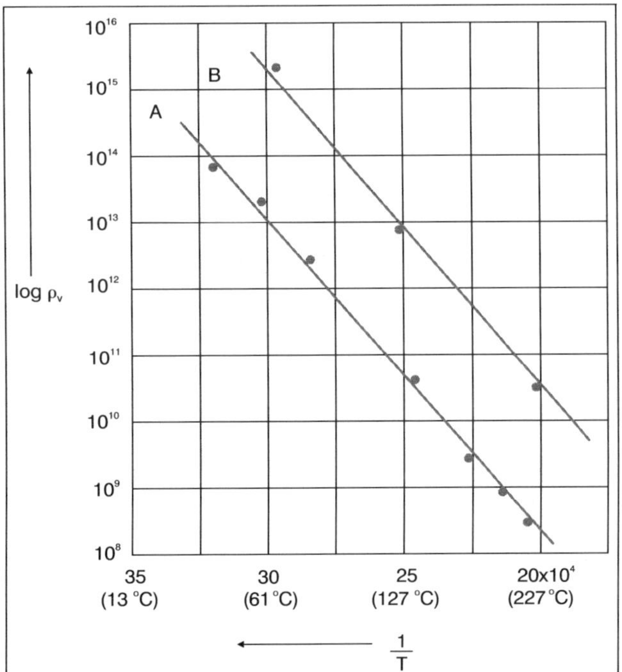

Figura 1.11 • Resistividade transversal em função da temperatura.
A – porcelana normal; B – porcelana para elevadas frequências.

Isolamentos porosos, tais como mármore, madeira e fibra, apresentam valores de ρ_v dependentes da umidade, face ao seu comportamento **higroscópico**.

A variação da resistividade nesses casos é totalmente reversível: a eliminação da água faz com que o material reapresente seus valores iniciais a seco. Observe-se que, com **maior temperatura,** ρ_v se **eleva**, pois a umidade já está em fase de eliminação.

Na análise de comportamento dos materiais isolantes, até este ponto, não nos preocupamos com a **intensidade do campo aplicado**. Nesse aspecto, se o campo elétrico for **muito intenso**, à corrente iônica, até aqui levada em consideração, se acrescentará um fluxo mais ou menos intenso de elétrons, que **cresce** rapidamente com o **crescimento do campo**, fazendo com que não se mantenha mais a proporcionalidade ditada pela lei de Ohm. As equações antes enunciadas deverão ser, assim, adequadamente acertadas.

10 • A CONDUTIVIDADE SUPERFICIAL DOS ISOLANTES SÓLIDOS

O conceito de condutividade aplicado a uma superfície isolante, obviamente apenas pode ser aplicado a **isolantes sólidos**; condiciona-se, de imediato, à película que esteja recobrindo a superfície do sólido. Dessa forma, a condutividade superficial é **acentuadamente** uma função das condições do **ambiente** em que o isolante se encontra. Entre essas condições, aparece, com destaque, a influência **da água**, seja a de chuva, de orvalho ou de condensação, que reduz a resistividade do isolante, reduzindo, assim, a chamada **resistência superficial de descarga**. Como consequência, os corpos isolantes são frequentemente projetados com **perfis** que assegurem uma certa proteção contra **deposições** dessa natureza, e, além disso, os ensaios para a determinação da capacidade isolante de certos elementos é feita *a seco* e *sob chuva*. A **umidade relativa** começa a ter uma influência sensível, quando seu valor **ultrapassa** os 50%.

Além desse aspecto, a própria **natureza** do material isolante vai influir. A condutividade será tanto **menor** quanto **menos polar** for o isolante. Como a condutividade depende da estrutura da camada que fica retida sobre o isolante, camada essa que também depende do **acabamento superficial** do isolante, podemos concluir que essa condutividade é função única das próprias condições superficiais. Daí o nome de **condutividade superficial**, a qual é, consequentemente, tanto menor quanto mais **liso** é o acabamento superficial e quanto mais **limpa** a superfície. Quanto a impurezas que influem sobre o seu valor, a condutividade apresenta comportamentos diferentes: em isolantes **hidrófobos** (repelentes de água), as impurezas têm uma influência bem menor do que nos **hidrófilos** (absorventes de água).

A totalidade dos isolantes sólidos pode ser classificada, sob esses aspectos, nas três classes dadas a seguir.

1) *Materiais insolúveis em água.* Pertencem a este grupo os isolantes não polares e os fracamente polares, com comportamento hidrofobo. Exemplos são o polistirol e a parafina, bem como alguns isolantes tipicamente polares, que são recobertos pela água, como algumas cerâmicas. Todos os isolantes desse tipo apresentam baixa condutividade superficial, não sofrendo elevada influência da umidade relativa do ambiente. No caso dos isolantes polares, porém, a baixa condutividade somente é encontrada quando a superfície está livre de sujeira e deposições. A Figura 1.12 apresenta algumas curvas típicas.

Tabela 1.10 • Valores de resistência superficial (ρ_s) de alguns materiais perante 70% de umidade relativa.

Material	(ρ_s) (Ω) sem limpeza	(ρ_s) (Ω) após a limpeza
Vidro comum	$2 \cdot 10^8$	$3 \cdot 10^{11}$
Vidro de quartzo	$2 \cdot 10^8$	$1 \cdot 10^{13}$
Composto de mica	$1 \cdot 10^9$	$1 \cdot 10^{13}$

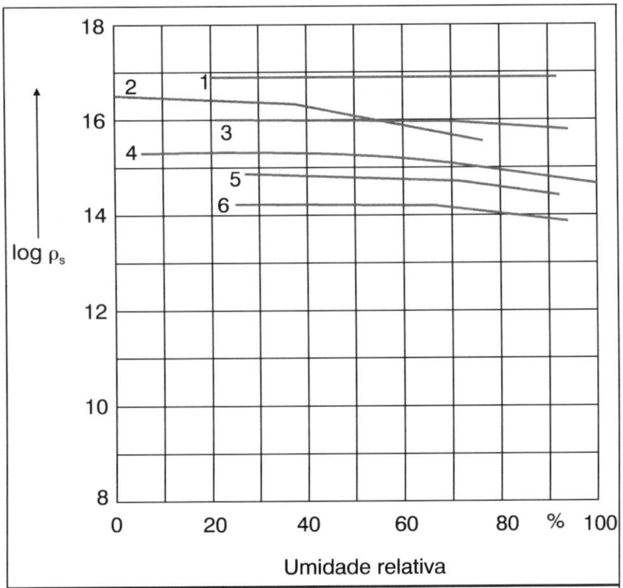

Figura 1.12 • Dependência entre a resistividade superficial e a umidade relativa de isolantes do grupo polar e não polar insolúveis em água.
1 – Ceresina; 2 – óxido de alumínio; 3 – parafina; 4 – micalex; 5 – cera de abelhas; 6 – cera Halfax.

2) *Isolantes parcialmente solúveis em água.* Pertencem a este grupo os vidros usados tecnicamente; a condutividade, nesse caso, é sensivelmente superior ao primeiro caso. Consulte a Figura 1.13 sobre alguns exemplos.
3) *Isolantes porosos.* Representados pelas fibras orgânicas e inorgânicas, os mármores e grande parte dos materiais cerâmicos e plásticos. Esses materiais sofrem uma acentuada elevação de sua condutividade em presença de umidade, bem maior ainda do que no caso anterior. A Figura 1.14 apresenta quatro materiais desse grupo.

Para esses três grupos, foram traçadas as curvas das Figuras 1.11, 1.12, 1.13 e 1.14. Na Figura 1.11, alguns materiais das duas primeiras hipóteses vêm comparados entre si, em função do grau de pureza ou de limpeza e umidade, justificando praticamente a necessidade de lavagem periódica de certos isolantes com água ou determinados solventes, ou tratamentos térmicos a 600/700 °C. Uma cobertura desses isolantes, com parafinas ou produtos semelhantes, não trouxe o resultado necessário, cabendo, nesse particular, apenas destacar o uso do silicone, o qual, por ser hidrófobo, cria um maior grau de segurança de uso.

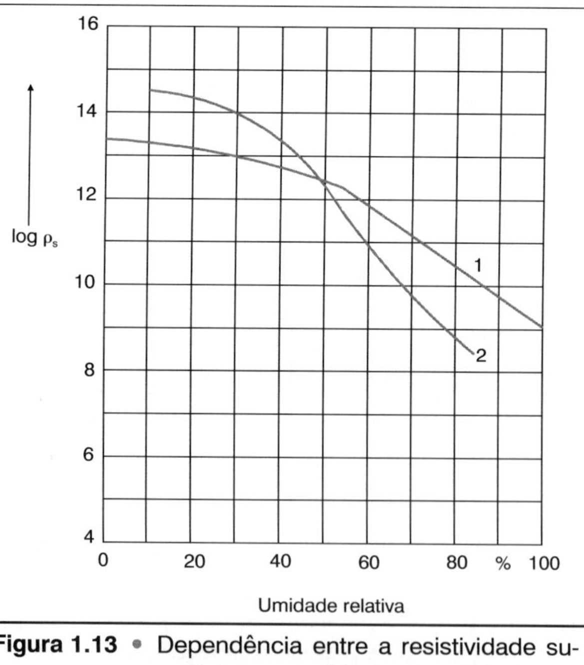

Figura 1.13 • Dependência entre a resistividade superficial e a umidade relativa do ar no caso de isolantes solúveis em água. 1 – vidro alcalino; 2 – vidro de boro.

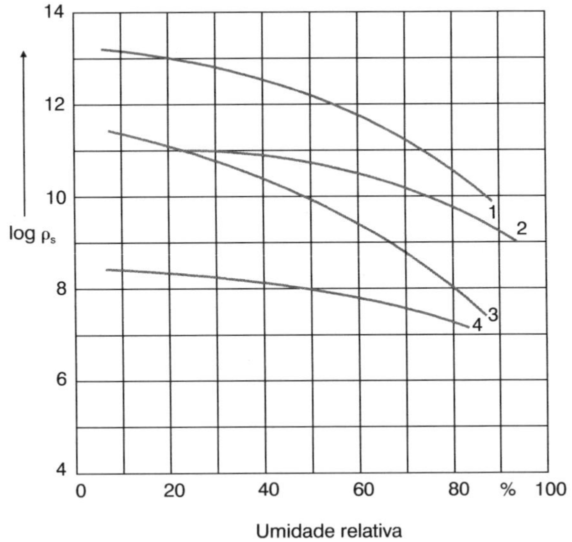

Figura 1.14 • Dependência entre a resistividade superficial e a umidade relativa no caso do grupo de materiais isolantes porosos. 1 – plástico fenol-formaldeído; 2 – celuloide; 3 – mármore; 4 – ardósia.

11 • PERDAS DIELÉTRICAS – O FATOR DE PERDAS (tg δ)

Ocorrem perdas de energia num isolante, chamadas de **perdas dielétricas**, devido ao trabalho realizado por um campo externo de certa orientação instantânea, sobre a estrutura do material, com orientação provavelmente diferente. Esse consumo de energia se apresenta sob a forma de calor e aparece tanto em corrente contínua quanto em corrente alternada, pois, em ambos os casos, vai circular uma **corrente transversal pelo isolante**.

Quando do uso da **corrente contínua**, em que **não** se apresenta uma **polarização periódica**, a qualidade de um isolante é caracterizada pelo valor da **resistividade transversal** e da **resistência superficial**. Já no caso da **corrente alternada**, a caracterização deve levar em consideração mais outros fatores que podem levar a perdas. Assim, as perdas dielétricas são medidas pela potência consumida por unidade de volume, ou, mais comumente, pela tangente do **ângulo de perdas**, ou seja, tg δ. Esse ângulo δ é definido como segue: entre as duas superfícies externas de um isolante, a corrente que flui através do dielétrico está defasada em relação à tensão aplicada, de **modo capacitivo**. Estabelece-se, assim, um ângulo φ, cujo cos φ representa o **fator de potência** desse circuito de corrente. Esse ângulo φ será de 90°, quando o efeito capacitivo for **puro**, sem perdas. Essas perdas, porém, existem e vêm caracterizadas pelo ângulo δ. Logo, 90 – φ = δ. Assim, **quanto maior as perdas, menor será o efeito capacitivo.**

Perdas dielétricas **acima das admissíveis** levam a um aquecimento do isolante, podendo atingir à sua **destruição**, uma vez que as propriedades isolantes são praticamente todas afetadas pela **elevação** de temperatura, e cada isolante tem, assim, uma **temperatura limite**, acima da qual o material não deve mais ser utilizado nos seus valores plenos. Essas temperaturas são a base da **"classificação térmica dos materiais isolantes"**, cujos valores estão definidos em norma específica da ABNT – Associação Brasileira de Normas Técnicas.

Essas perdas dielétricas variam em função de diversas grandezas. Assim, a tensão aplicada, a frequência e outras podem influir acentuadamente sobre a **tg δ**, dependendo das próprias condições estruturais do dielétrico. Vejamos algumas situações.

Baseado no comportamento polarizante, as perdas podem ser resultantes da circulação de **correntes transversais**. Essas perdas podem ser representadas como na Figura 1.15, em dependência da **carga elétrica** ***q*** **de um isolante, ao qual se aplicou uma tensão** ***U***.

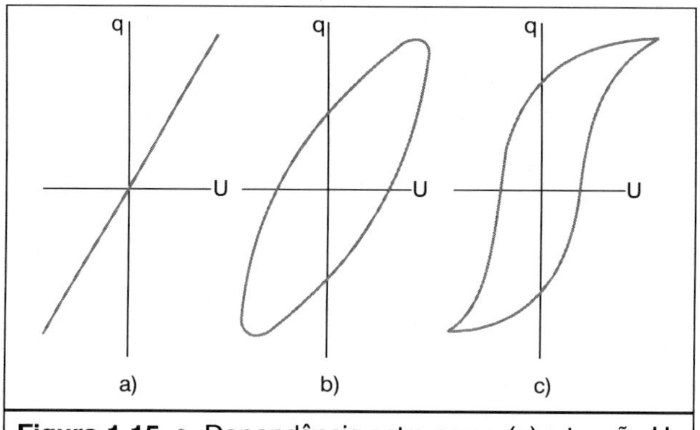

Figura 1.15 • Dependência entre carga (q) e tensão U:
a) para um isolante sem perdas;
b) para um isolante com perdas;
c) para um isolante seigne-elétrico.

A **Figura 1.15a** representa o isolante que não apresenta perdas. Se num isolante a polarização é retardada, aparecem perdas dielétricas e a curva característica se torna uma **elipse**, que é a Figura 1.15b. A área interna à elipse é proporcional à **energia absorvida** no período em questão, energia essa transformada em calor e, por isso, é **energia de perda**.

Nos isolantes SEIGNETTE Elétricos, também se apresenta um laço, com uma configuração, porém, como a dada na Figura 1.15c, e também encontrada no **laço de histerese** de materiais ferromagnéticos. Também neste caso, a energia de perda é **proporcional à área interna do laço**.

Além das perdas devidas à circulação de correntes transversais e de consumo de energia no **trabalho de polarização**, outros agentes prejudiciais às características isolantes, como a umidade, presença de carbono e de óxidos (particularmente de óxido de ferro) e outros, **levam a aumentar as perdas dielétricas**.

Além disso, o efeito ionizante **de intensos** campos elétricos, provenientes da aplicação de **tensões elevadas**, sobretudo em dielétricos gasosos, ou a aplicação de **frequências elevadas** e consequente trabalho de **polarização maior**, podem elevar as perdas dielétricas ou o valor de **tg δ**.

Vejamos agora o cálculo do valor de **tg δ**. Conforme foi mencionado inicialmente, existe uma estreita correlação entre o **fator de potência**, no caso capacitivo, e o **fator de perdas**. Como, praticamente, o dielétrico atua como um capacitor real, os valores das perdas são determinados entre duas placas alimentadas, **entre as quais** é colocado o dielétrico em questão. É, portanto, a própria construção de um capacitor. Seu circuito equivalente deve ser escolhido de tal maneira, que a **potência ativa** seja igual à **potência de perdas** de um capacitor, e que o ângulo entre tensão e corrente seja o mesmo como o do capacitor considerado. Esse problema é resolvido colocando-se o capacitor real, como um capacitor ideal (sem perdas), em série ou em paralelo com um **resitor ôhmico** (que são as perdas).

No primeiro caso, teremos um circuito equivalente série; no segundo caso, um em paralelo; ambos representados nas Figuras 1.16 e 1.17. Em cada caso, as figuras representam ainda o diagrama vetorial tensão-corrente. As impedâncias $Z_1 = Z_2 = Z$ são iguais entre si. Para que tenhamos condições **equivalentes**, o ângulo φ entre tensão e corrente deve ser o mesmo e, portanto, $\varphi_1 = \varphi_2 = \varphi$, **e as potências ativas serão iguais**.

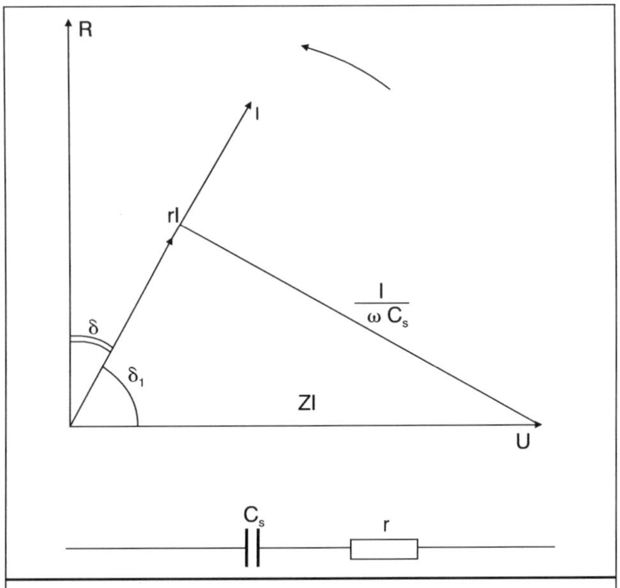

Figura 1.16 • Diagrama vetorial equivalente e circuito equivalente de um capacitor com perdas.

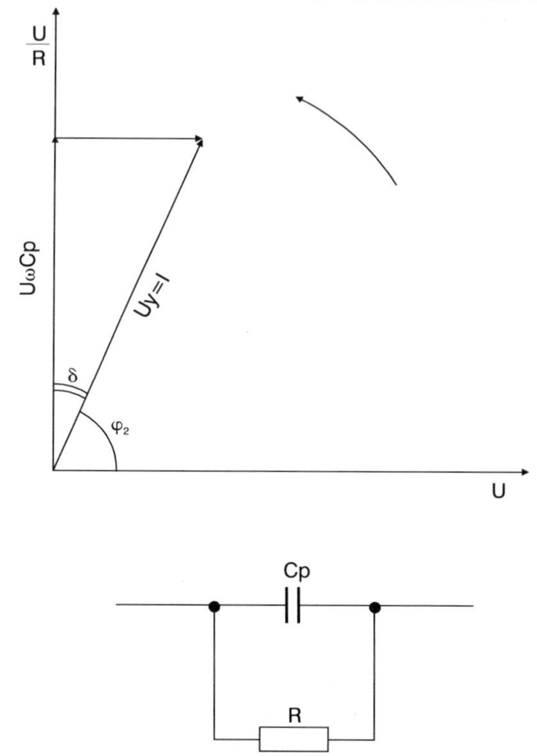

Figura 1.17 • Circuito equivalente paralelo e respectivo diagrama vetorial de um capacitor com perdas.

Essas potências ativas da ligação em série e em paralelo, bem como os respectivos angulos de defasamento, são expressas através das capacitâncias-série C_s e da paralela C_p e, baseado na equação

$$P = UI\cos\varphi,$$

resulta, após algumas substituições e transformações **para a ligação em série,**

$$\text{tg } \delta = \omega C_s r$$

e, **para a ligação paralela,**

$$\text{tg } \delta = \frac{1}{\omega C_p R},$$

onde

$$\omega = 2\pi f,$$

Inter-relacionando essas equações, chegaremos a

$$C_p = \frac{C_s}{1 + \text{tg}^2\delta}$$

$$R = r\left(1 + \frac{1}{\text{tg}^2\delta}\right)$$

Em materiais altamente isolantes, podemos desprezar o quadrado **tg² δ**, em comparação a 1 e podemos colocar $C_s \approx C_p \approx C$. Assim, a potência transformada em calor passa a ser enunciada como

$$P = U^2 \omega C \,\mathrm{tg}\delta,$$

onde $\omega = 2\pi f$, sendo f a frequência.

Ainda da equação das **resistências** R e r, podemos concluir que a **resistência equivalente paralela** será sempre algumas vezes **maior** que a em **série**.

A quantidade de energia transformada em calor por unidade de volume (cm³) tem a seguinte forma:

$$p = \frac{\varepsilon f \,\mathrm{tg}\delta}{1{,}8 \times 10^{12}} \left(\frac{U}{h} \right)^2,$$

onde:

p = perdas específicas do dielétrico;

U = tensão;

h = espessura do corpo de prova;

f = frequência.

E, finalmente, a condutibilidade aparente, poderá ser expressa por

$$\gamma = \gamma_a + j\gamma_r = \frac{\varepsilon f}{1{,}8 \times 10^{12}} (\mathrm{tg}\,\delta + j),$$

onde

$$j = \sqrt{-1}$$

Observe-se que, ao contrário da análise com **corrente contínua**, a capacitância do dielétrico, com elevadas perdas em **alta frequência**, é expressa por um valor **dependente** do **tipo** de circuito equivalente escolhido (**série ou paralelo**). O mesmo também vale para o valor da **constante dielétrica** de materiais de elevadas perdas. O ângulo de perdas depende da escolha do circuito equivalente. Um exemplo do que foi analisado são os valores da Tabela 1.11.

Tabela 1.11 • Valores de ε: e tg δ de materiais isolantes com elevadas perdas.

Grandeza	Material	
	Plástico úmido da família dos fenóis	**Papel úmido para cabos**
tg δ	0,660	0,350
ε pelo circuito equivalente em série	28	4,8
ε pelo circuito equivalente paralelo	18	4,3

Conforme verificamos nas equações acima, as **perdas dielétricas** e todos os valores **intermediários** (C_s, C_p, r e R) são função da **frequência**, de modo que as grandezas **obtidas não** podem ser generalizadas para qualquer situação. Essa generalização apenas seria admissível se houvesse, num dado caso, informação segura de que, para uma certa faixa de valores de frequência, **não houvesse** alteração de grandezas. Nesse caso específico, C e R **serão constantes** na faixa considerada e as **perdas** serão determinadas pela proporção

$$P = \frac{U^2}{R}.$$

Nos demais casos, aplica-se

$$P = U^2 \omega C \operatorname{tg} \delta = U^2 \omega C_r \omega C_r = U^2 \omega^2 C^2 r.$$

Dessa equação, podemos tirar uma conclusão bastante importante: **em capacitores de ondas curtas**, as resistências ôhmicas das partes metalizadas, dos condutores de ligação e dos pontos de contato, **devem ser as mais baixas possíveis.**

Em qualquer situação, deve assim ficar claro, que as **perdas dielétricas reais**, existentes em um dielétrico, devem ser determinadas nas **condições de uso**, em particular da **frequência** que lhe é **aplicada** no circuito de seu emprego. Caso contrário, as eventuais perdas elevadas e a elevação do calor de perdas a **níveis inadmissíveis** tenderão a **destruir o dielétrico.**

Perdas dielétricas nos gases

As perdas nos gases são bastante **baixas**, sempre que o campo elétrico aplicado esteja num **valor inferior ao campo de ionização**. Sob esse aspecto, pode-se considerar um gás praticamente como um **isolante ideal.**

As perdas que se podem apresentar são consequentes da condutividade elétrica, e **não** de um consumo de potência para dar origem a polarização.

Essa **condutividade** é de valor bastante **baixo**, razão pela qual as perdas são **pequenas**, mesmo **em altas frequências**. O valor de **tg δ** pode ser calculado pela seguinte equação:

$$\operatorname{tg} \delta = \frac{1{,}8 \times 10^{12}}{\varepsilon f \rho} = \frac{1}{\omega C_{es} \rho},$$

onde:

C_{es} é a capacitância específica de um cubo com 1 cm de lado;

ε, a constante dielétrica, geralmente muito próxima de 1;

f, a frequência, em Hz;

ρ, a resistividade, da ordem de $10^{17} - 10^{18}$ Ω cm;

ω, $2\pi f$.

Pode, entretanto, ocorrer uma **ionização** do gás, perante **tensões elevadas críticas** e **campos heterogêneos**. Desse fato, aparecem, no gás, acréscimos de perdas, que se **elevam** proporcionalmente com a tensão, obedecendo aproximadamente à seguinte equação:

$$P = Kf\left(U - U_0\right)^2,$$

onde:

K é a constante;

f, a frequência;

U, a tensão aplicada;

U_0, a tensão inicial de ionização, sendo esta dependente da pressão do gás. Com elevação da pressão, eleva-se o valor de U_0 de um dado gás.

Lembrando que

$$P = U^2 \omega C \operatorname{tg} \delta,$$

e, ainda, que as perdas de ionização são dadas por

$$P_i = Kf\left(U - U_0\right)^2,$$

podemos concluir **que tg δ** se elevará com o aumento de U. A elevação do tg δ também poderá indicar a existência de bolhas dentro do isolante sólido. A Figura 1.18 demonstra uma curva típica de um tal caso. Essa curva, em que temos tg δ = *f(U), é* frequentemente chamada de **curva de ionização**. As perdas de ionização se elevam em altas frequências, de tal modo, que a característica isolante é rompida em alguns setores, devido ao sobreaquecimento, resultante das perdas que ocorrem nesses locais.

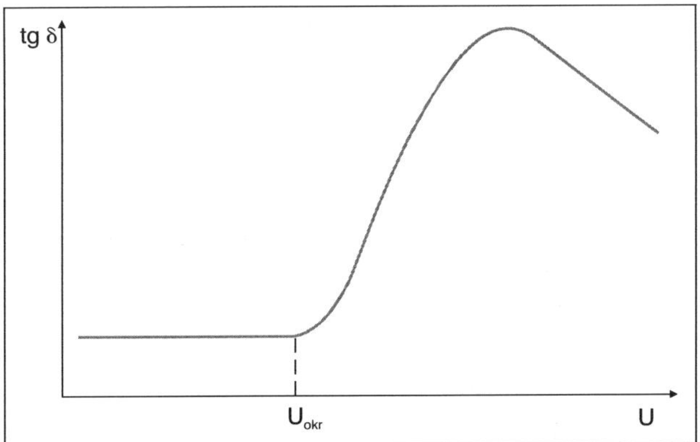

Figura 1.18 • Variação da tg δ com a temperatura em um isolante com bolsas de ar.

A ionização de bolsas de ar **internas** a isolantes sólidos, também, em geral, levam à **destruição** por sobreaquecimento, que dá origem à ozona e gases à base de **nitrogênio**, e que podem acelerar a destruição química do material sobre o qual vão agir.

Essas mesmas perdas de ionização, no caso do **fenômeno de corona** (ionização superficial envolvente de cabos), **reduzem** o rendimento da instalação.

Perdas dielétricas em isolantes líquidos

No caso de líquidos não polares, as perdas dielétricas são unicamente provenientes das **correntes de descarga** devidas à condutividade elétrica do material, contanto que não se registre a presença de **acréscimos de moléculas polares**. Essa condutividade em líquidos **não polares, puros,** é extremamente **reduzida**. Consequentemente, as perdas dielétricas também são **baixas**.

O ângulo de perdas é calculado segundo a equação

$$\operatorname{tg}\delta = \frac{1{,}8\times 10^{12}}{\varepsilon f\,\rho_l},$$

já conhecida, onde ρ_r é a resistividade transversal do líquido nas condições de uso.

Se as perdas são consequentes apenas da **condutividade elétrica**, as mesmas dependerão da **temperatura e da intensidade de campo**.

A situação é diferente no caso de **líquidos polares**: suas **perdas**, apesar de dependerem da temperatura e da frequência, apresentam, em geral, valores bem mais **elevados** do que no caso dos não polares. Essas perdas ainda são somadas a parcelas de perdas devidas **à condutividade** além de variarem com a **viscosidade**. A condutividade de tais líquidos é geralmente **pequena** à temperatura ambiente, movendo-se na casa dos 10^{-12} a 10^{-13} Ω^{-1} cm^{-1}. Ainda em **frequências elevadas**, aparecem as perdas dipolares, devido ao consumo de energia, transformada em **calor**, na orientação desses dipolos.

Os isolantes líquidos usados na prática são geralmente misturas de líquidos polares e não polares, como no caso do **óleo para transformadores** e de **massas compostas** *(compound)*, ou senão de líquidos polares. Essas **perdas** podem ser explicadas, de acordo com a teoria da polarização dos dipolos.

A molécula dipolar tende **a acompanhar**, e chega a fazê-lo, **as variações** do **campo elétrico**, girando-se no meio em que está. Nesse movimento, aparecem **perdas por atrito**, que se transformam em calor.

Se a viscosidade é suficientemente **elevada**, a polarização praticamente desaparece. Nesse caso, as **perdas** dielétricas são **pequenas**. Também as perdas são **pequenas** quando a viscosidade é **baixa** e a orientação dipolar pode se processar sem elevados atritos. Entretanto, em líquidos de viscosidade **média**, essas perdas podem ser **significativas**, atendendo à seguinte condição:

$$\omega \approx \frac{1}{\tau_0},$$

onde ω é a frequência radial da tensão aplicada e τ_0 é o tempo necessário à polarização.

O tempo τ_0 depende da viscosidade do líquido e, consequentemente, da temperatura.

Na Figura 1.19 vem indicada a variação **do tg δ** com a temperatura de um composto a duas frequências diferentes. Observe-se que, **variando a frequência**, varia o ponto de **temperatura crítica**. Isso significa que a **frequências mais elevadas**, corresponde um **menor** tempo de polarização, o que, por sua vez, corresponde a uma **temperatura maior**.

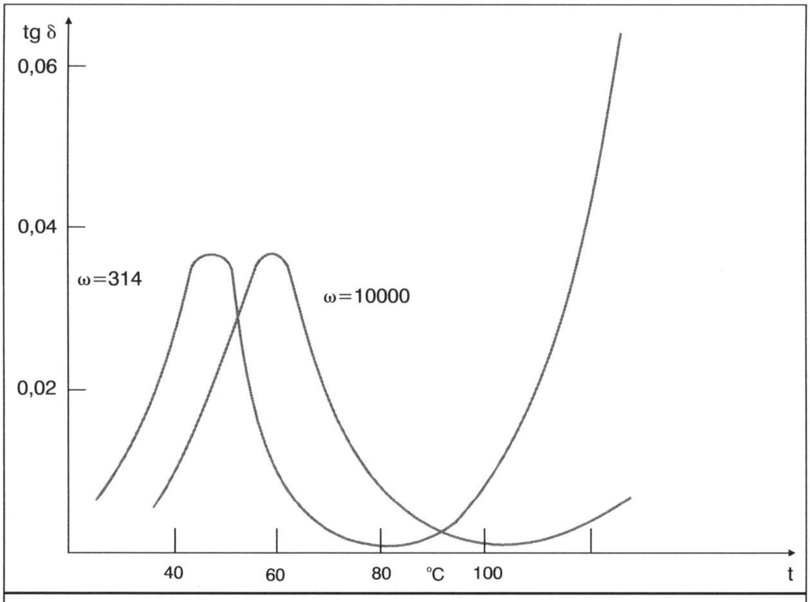

Figura 1.19 • Variação da tg δ com a temperatura t do composto de colofórmio perante diversas frequências.

Aos pontos mais próximos ao eixo das **temperaturas** da curva tg δ $= f(t)$ correspondem aquelas temperaturas às quais a viscosidade do líquido é **tão baixa** que a orientação dipolar ocorre **sem atrito**.

Nesse caso, as perdas são **baixas** e dependem apenas da **condutividade elétrica**. A nova elevação no final da curva, do **tg δ**, com elevação de temperatura, é explicável devido a **novo aumento** da condutividade elétrica. Essa grandeza, sozinha, define **as perdas dielétricas** perante temperaturas **elevadas**. Uma influência típica da frequência sobre as perdas dipolares em isolantes líquidos é dada na curva superior da Figura 1.20. As perdas se **elevam com a frequência** enquanto a polarização pode acompanhar as variações de campo.

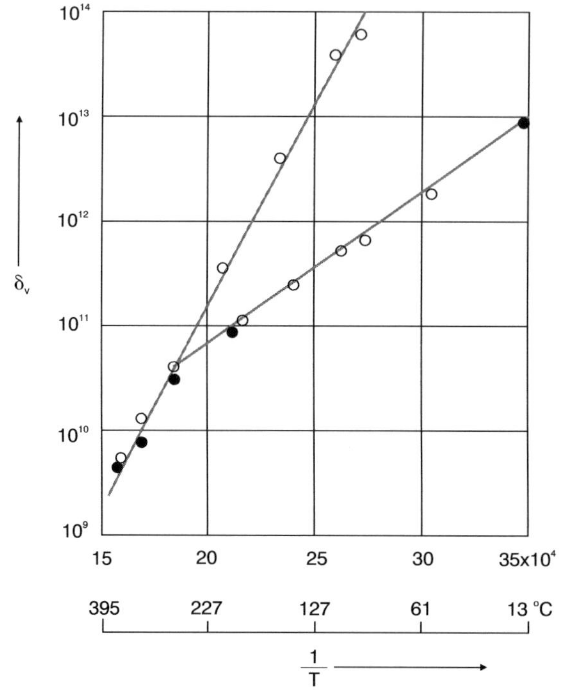

Figura 1.20 • Variação da resistência tansversal δ_v em função da temperatura da mica do tipo moscovita. Legenda: círculos vazados (○) para corrente contínua; círculos cheios (•) para corrente alternada de 60 Hz.

Entretanto, no instante em que a frequência **se elevou** a valores tão grandes que as moléculas dipolares não podem mais acompanhar totalmente as variações citadas, **as perdas (*p*) passam a se manter constantes.**

Outro fato característico é que a curva das perdas **difere** da curva **do fator de perdas** (tg δ). Assim, na faixa de frequências elevadas em que *p* passa a ser constante, o fator de perdas se reduz acentuadamente (veja a Figura 1.20), pois, perante uma componente ativa **constante** da corrente, a componente reativa se **eleva** com a frequência.

Perante frequências **baixas**, as perdas dipolares de líquidos de **baixa viscosidade** são desprezíveis, podendo ser menores que as perdas devidas à **resistividade transversal** (ρ_t). Já perante frequências elevadas, as perdas dipolares predominam, mesmo nos líquidos de baixa viscosidade, sobre as perdas devidas à condutividade transversal. Por essa razão, líquidos dipolares **não** são recomendados para uso em frequências **elevadas**.

A Tabela 1.12 apresenta alguns valores de tg δ.

Tabela 1.12 • Valores característicos de constante dielétrica (ε) e perdas dielétricas (tg δ) de alguns líquidos.

Tipo de material	ε	tg δ com $f = 10^6$ Hz e t = 20 °C	Observações
Óleo mineral para capacitores	2	< 0,0002	Líquidos não polares de elevado grau de pureza
Óleo de rícino	4	0,015	Líquidos polares

Na Tabela 1.12, podemos observar que as perdas do **óleo de transformadores**, pertencente à família dos líquidos **não polares**, são sensivelmente **menores** que as do **óleo de rícino**, que é **polar**.

Perdas dielétricas em isolantes sólidos

As perdas desse tipo nos **sólidos** são determinadas de um lado pelo **tipo de polarização** e, de outro, pelo tipo da **estrutura do sólido** (cristalino ou amorfo) e do **tipo de material**, sob o ponto de vista químico (inorgânico ou orgânico).

Quanto ao *tipo de polarização* podemos distinguir basicamente a *polarização eletrônica e a iônica.*

Isolantes sólidos orgânicos e inorgânicos apresentam exclusivamente *polarização eletrônica,* notando-se praticamente ausência de **perdas**. Eventuais perdas, medidas nesses casos, resultam de **impurezas** contidas na matéria. Como exemplo desse grupo de materiais, podemos citar a **parafina e o polistirol**, o que os recomenda para uso em **altas frequências**. Se os isolantes forem **inorgânicos**, como no caso do **quartzo e da mica**, em que se observa uma ação combinada de *polarização eletrônica e iônica,* as perdas ainda continuam **baixas**, resultantes sobretudo das correntes que circulam devido à condutividade transversal do material. Essas perdas, porém, são dependentes da frequência, uma vez que o **tg δ** se **reduz** com a elevação de **frequência**. O valor do **tg δ** pode ser calculado pela seguinte equação:

$$\text{tg}\,\delta = \frac{1{,}8 \times 10^{12}\gamma_{tr}}{\varepsilon \times f},$$

onde γ_{tr} é a condutividade transversal.

Com variação de temperatura, tg δ e as perdas *P* variam segundo a mesma lei da condutividade elétrica, valendo

$$P_T = B \times e - \frac{\alpha}{T},$$

onde:

P_T são as perdas à temperatura absoluta *T*;

B e α, constantes;

T, a temperatura absoluta.

A Figura 1.20 demonstra graficamente a variação antes indicada.

Nesses cristais de **mica**, os quais apresentam uma estrutura em camadas, a componente ativa da corrente sofre a influência de **depósitos** de comportamento **semicondutor**, geralmente encontrado entre as lamelas de mica. Por essa razão, nesse caso, as perdas não podem ser calculadas baseadas em ensaios com corrente contínua. Essa é a razão também por que, na Figura 1.20, ainda, as curvas obtidas com corrente contínua e alternada apenas coincidem perante **elevadas temperaturas**, em que a característica condutora é unicamente função da **condutividade elétrica** da mica.

Perdas dielétricas em materiais amorfos inorgânicos

Essas considerações têm importância prática, sobretudo no estudo dos **vidros**. Nesse grupo de materiais, encontramos três tipos de polarização: **eletrônica, iônica e estrutural**. As perdas que aí aparecem podem ser abordadas sob os seguintes **aspectos**:

a) **Perdas que pouco dependem da temperatura** e que se elevam proporcionalmente à frequência. O **tg δ**, porém, independe da **frequência**.

b) **Perdas que variam exponencialmente com a temperatura** e pouco dependem da frequência. O **tg δ** decresce, nesse caso, com **elevação** de frequência.

No caso a), as perdas dependem da **polarização estrutural** e apresentam valores relativamente **elevados** na maioria dos vidros, exceção feita apenas ao **vidro de quartzo**. Essas perdas podem sofrer uma elevação acentuada, se houver presença de pequenas quantidades de óxidos, pois estes prejudicam a estrutura interna do vidro. Essa estrutura pode sofrer significativas modificações, devido a **tratamentos térmicos (vidros temperados)**.

No caso b), íons fracamente ligados sofrem deslocamentos, o que eleva a condutividade e, com isso, a **corrente transversal**. Esses deslocamentos são ocasionados, em geral, por um acréscimo de **energia térmica**, **elevando-se**, assim, as perdas perante **elevação** de temperatura.

O valor de tg δ começa a se **elevar** em temperaturas tanto mais **baixas** quanto **maior** a condutividade transversal do vidro.

Graficamente, a Figura 1.21 comprova essa situação, para diversas composições e condutividade dessa matéria-prima.

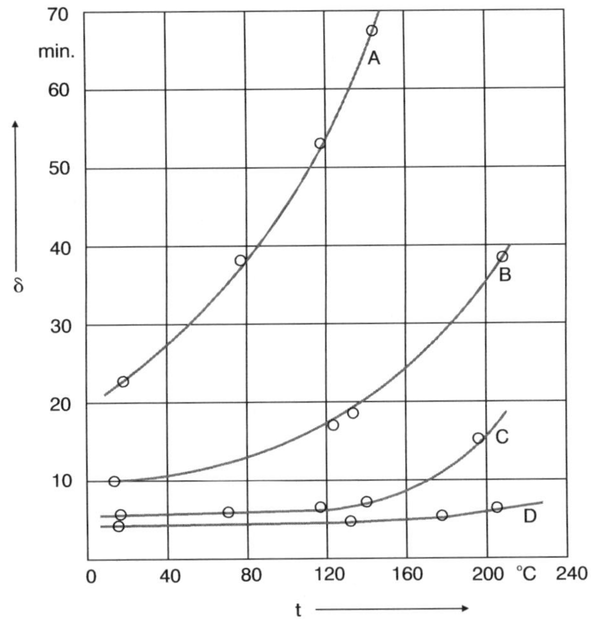

Figura 1.21 • Variação entre o ângulo de perdas (δ) e a temperatura (t) em vidro alcalino com:
λ= 300 m;
A – vidro com r_{V20} = 10^{12} Ωcm;
B – vidro pirex normal r_{V20} = 10^{14} Ωcm;
C – vidro pirex com r_{V20} = 10^{15} Ωcm;
D – vidro pirex com r_{V20} = $5X10^{15}$ Ωcm.

Já na Figura 1.22, temos a variação tg δ = f(t) para dois tipos de **cerâmicas**, um específico para **altas frequências** e o outro de uso mais **generalizado**. Observe-se que, em altas frequências, a elevação de tg δ ocorre a temperaturas mais **elevadas** do que em **baixa frequência**. Esse fenômeno é ocasionado pelo fato de que as perdas em frequência elevada são principalmente função da **condutividade elétrica**.

A **grandeza** das **perdas dielétricas** é, sobretudo, consequente da **composição do vidro**. Assim, a presença de óxidos alcalinos e a ausência de óxidos de metais pesados (BaO, PbO) eleva sensivelmente o tg δ do vidro.

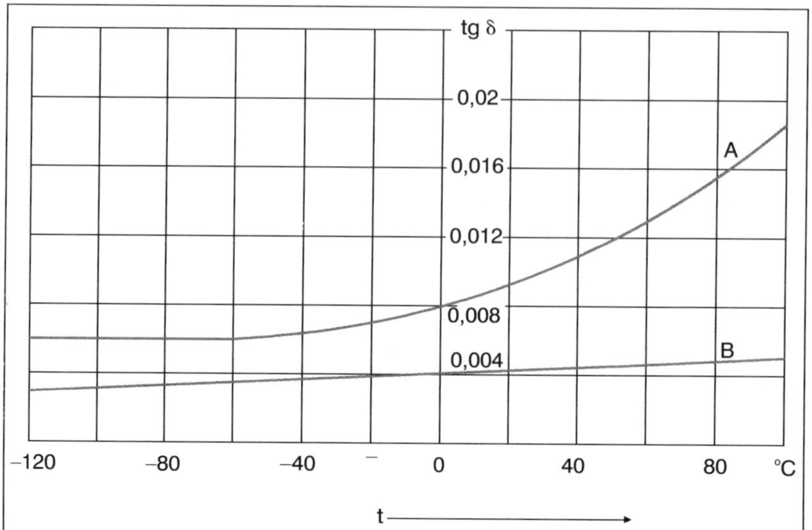

Figura 1.22 • Variação do tg δ com a temperatura para uma porcelana eletrotécnica (A) e uma para altas frequências (B).

Perdas dielétricas em isolantes inorgânicos policristalinos

Em isolantes **inorgânicos policristalinos**, predominam frequentemente características de materiais **semicondutores**. Destacam-se, nesse particular, o **carbono**, o **óxido de ferro** e outros, em especial nos isolantes **porosos**, como mármore, em que, devido à sua elevada higroscopia, são acentuadamente sensíveis à presença de umidade. Suas propriedades elétricas **são muito instáveis**, o que ocasiona grande variação de valores de perdas dielétricas, mesmo em materiais de mesma composição, porém manufaturados e expostos a processos de produção (particularmente recobrimento e queima de esmalte) **diferentes**.

A presença de **impurezas eleva** acentuadamente o valor do tg δ.

Perdas dielétricas em isolantes sólidos orgânicos com moléculas polares

Tanto no caso de sólidos **amorfos** quanto no de **cristalinos** desse grupo, as perdas são função da **polarização estrutural**, resultante de deslocamentos dipolares, devido a **vazios internos**. A energia necessária para tanto leva ao **aquecimento** do material.

As **perdas** de sólidos orgânicos polares dependem **da temperatura**, ocorrendo um máximo de perdas perante uma **temperatura crítica, específica** para cada material. Esse máximo é função da **frequência própria** a uma dada tensão aplicada.

Geralmente, esses materiais se caracterizam por um **tg δ** elevado, o que exclui praticamente seu uso perante **com frequências elevadas**.

Pertencem a esse grupo grande número de **fibras e materiais naturais e sintéticos**, tais como fibras de celulose, ésteres de celulose, seda natural, resinas sintéticas e outros. A Figura 1.23 demonstra o caso particular do papel, onde se verifica a variação do tg δ com a temperatura. Perante **frequências elevadas**, o tg δ do papel já é elevado, mesmo em temperaturas relativamente **baixas**, o que também limita o uso do papel isolante à área das **frequências baixas**.

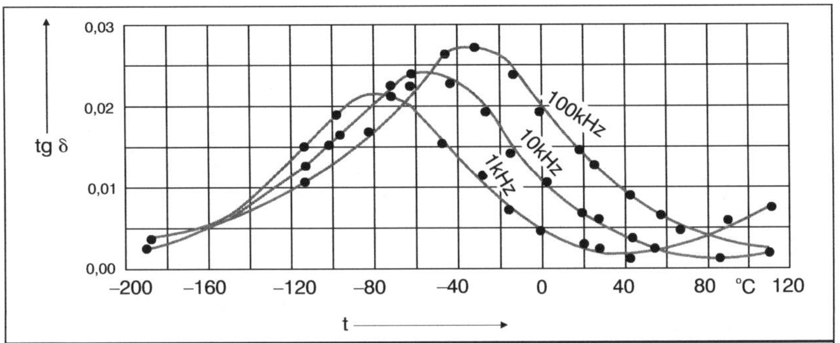

Figura 1.23 • Variação da tg δ com a temperatura em papel seco.

Os papéis, devido à sua higroscopia, são eletricamente, em geral, usados em conjunto com um impregnante, que evidentemente também influenciará os valores que estamos analisando. A Figura 1.24 apresenta os resultados de algumas medições feitas com o papel **impregnado com óleo**, com dois picos: o primeiro, consequente das **perdas intrínsecas** do papel; o segundo, devido às **perdas dielétricas** do impregnante.

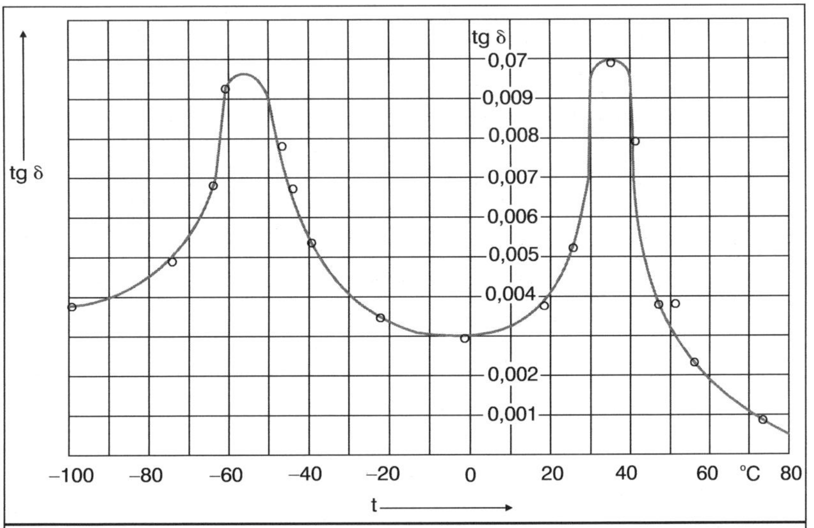

Figura 1.24 • Variação da tg δ com a temperatura em papel para capacitores impregnado com massa composta (80% clorofórmio e 20% óleo para transformadores).

É característica praticamente geral desses materiais uma **elevação** das **perdas** com elevação de **temperatura**, devido à um acréscimo no valor da **condutividade** elétrica. Alguns valores de estruturas típicas vêm indicados na Tabela 1.13.

Tabela 1.13 • Valores característicos de tg δ de alguns dielétricos sólidos.

Característica estrutural	Designação do material	tg δ com $f = 10^6$ Hz e t = 20 °C	Observações
Isolantes não polares com polarização eletrônica	Enxofre	~ 0,0001	Valores para material puro
	Parafina		
	Polistirol		
Monocristais inorgânicos com polarização iônica e eletrônica	Sal (NaCl)	~ 0,0001	-
	Óxido de magnésio (MgO)		
Vidros inorgânicos	Vidro de quartzo	0,0002	-
	Vidro alcalino e de silicatos	0,01	
Substâncias inorgânicas policristalinas	Óxido de alumínio	de 0,0001 a 0,01	A variação dos valores de tg δ consequentes de variações no sistema cristalino e na composição
Substâncias sólidas orgânicas polares	Papel	0,01	
	Seda natural	0,015	
	Ceras	de 0,004 a 0,015	

Perdas em isolantes seignete-elétricos

Conforme já foi abordado anteriormente, esses materiais se caracterizam por uma **polarização espontânea**. Isso leva a um comportamento isolante acentuadamente dependente da temperatura, encontrando o máximo de polarização no valor **da Temperatura de Curie**. Acima dessa temperatura, as **propriedades** seignete-elétricas se **perdem** e a polarização espontânea **desaparece**. De modo geral, porém, as perdas dielétricas nesse tipo de material são **elevadas**.

Vejamos as conclusões das medições efetuadas, e que resultam na Figura 1.25, feitas para dois materiais cerâmicos pertencentes a esse grupo.

Nota-se claramente que a temperatura influi acentuadamente sobre o fator de perdas (tg δ) e sobre a constante dielétrica (ε).

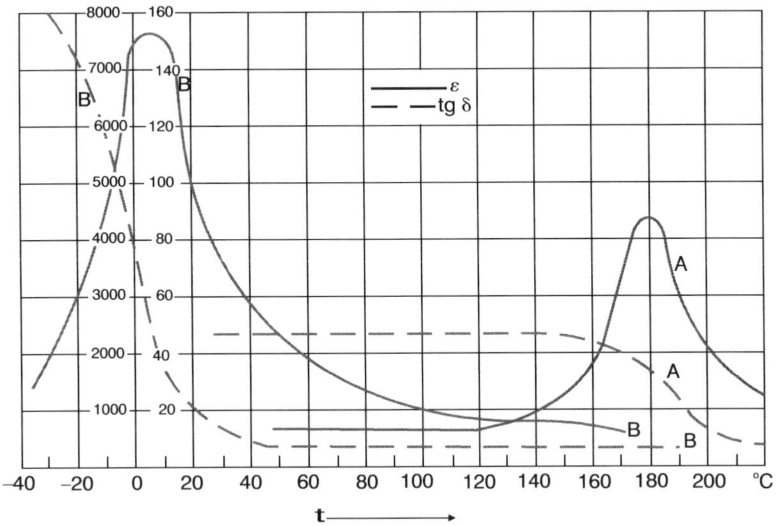

Figura 1.25 • Variação da tg δ (δ) e da constante dielétrica (ε) de isolantes seigne-elétricos em função da temperatura. A – BaTiO; B – $BaTiO_2$, com acréscimos.

12 • DESCARGA INTERNA – ANÁLISE DA RIGIDEZ DIELÉTRICA

Uma das mais importantes características de um material isolante é a sua resistência à passagem interna da corrente, quando ao dielétrico é aplicada uma **tensão**. A característica de não conduzir corrente, entretanto, tem o seu limite prático, quando um **dado valor crítico de tensão** é ultrapassado; esse valor de tensão por unidade de espessura é conhecido por **rigidez dielétrica**, e, por isso, medido em kV/mm. O valor crítico de tensão dá origem a um **valor de ruptura** ou de **descarga do campo elétrico**, como segue:

$$E_d = \frac{U_{CRIT}}{h},$$

onde h é a espessura de material no ponto da ruptura. Quando o campo aplicado não é homogêneo, adota-se para E_d o valor médio, ou, caso as condições de segurança o exijam, o valor menor.

Tal como na análise das demais características isolantes, também a rigidez dielétrica de uma matéria-prima depende, basicamente, do seu **estado físico**. Vejamos, assim, de que depende e como se dá a **ruptura dos gases**.

13 • RUPTURA DIELÉTRICA DOS GASES

A ruptura em meio gasoso é principalmente função da **ionização** provocada por **impulso de tensão**. No caso de campos homogêneos, a ruptura é instantânea;

no caso dos campos heterogêneos, aparece primeiramente uma ionização parcial, devido ao aparecimento do **efeito corona**.

Tem significado especial, nesse grupo, devido a sua frequente presença, o comportamento **isolante do ar**.

Comparado com isolantes líquidos e sólidos, seu valor de **rigidez dielétrica** apenas é razoável sob condições **secas**, o que, entretanto, dificilmente pode ser a **referência** nos casos práticos, devido à presença frequente de **umidade ao ar livre** nas redes de transmissão e de distribuição de energia.

Conforme já mencionado, a isolação de um gás é rompida, devido a um impulso ionizante de tensão. A teoria da ionização da ruptura de um gás apresenta uma análise que aborda inclusive o estado inicial de ruptura, situação em que a corrente de ionização é ainda bastante baixa. Tanto os íons positivos e negativos quanto os elétrons livres são influenciados fundamentalmente pela energia térmica presente.

Aplicando-se um campo elétrico, as partículas mencionadas sofrem uma **aceleração suplementar** e caminham na direção determinada pelo **campo elétrico aplicado** e pelo sinal de sua carga. Durante essa fase, as partículas adquirem um **acréscimo** de energia dado por

$$W = q \times U,$$

onde q é a carga da partícula e U a queda de tensão da partícula carregada durante o seu deslocamento, sem que haja colisão com outras partículas. No caso de um campo homogêneo, pode-se escrever

$$U = E \times \lambda,$$

onde E é a intensidade do campo aplicado e λ o comprimento médio livre. A energia absorvida pela partícula durante seu deslocamento no comprimento λ é, assim, dado por

$$W = E \times q \times \lambda.$$

Quando ocorre **colisão** entre as **partículas em movimento** com partículas **neutras**, uma parte da energia **é transferida** para as partículas neutras. Se a transferência de energia foi suficientemente grande, ocorre a **ionização da partícula neutra**. Para que isso aconteça, é necessário que

$$W \geqq W_i.$$

onde W_i é a energia necessária à ionização. Substituindo nas equações anteriores, tem-se

$$Eq\lambda \geqq W_i.$$

Ao invés de nos referirmos à energia de ionização, é mais comum a caracterização do gás em função da **tensão de ionização** U_i tendo-se

$$U_i = \frac{W_i}{q}.$$

Essa tensão ou potencial de ionização dos **gases** se move entre 4 a 25 V, o que corresponde a uma **energia** de ionização de 4 a 25 eV.

Perante condições de **pressão e temperatura** constantes, o aparecimento da ionização depende unicamente da **intensidade** do campo elétrico E, porque λ e q também são **constantes** para dado gás. O início de ionização se processa com **elétrons livres**, bastando, para tanto, uma pequena concentração de elétrons. Devido ao campo aplicado, esses elétrons são acelerados e projetados de tal maneira, que, **na colisão** com moléculas neutras, arrancam destas outros elétrons, reforçando, assim, a **nuvem de elétrons livres** que, ainda sujeitos ao campo aplicado, também são **acelerados** e repetem o processo do deslocamento de elétrons de outras moléculas, **indefinidamente**, até cessar o efeito do campo E. Perdendo elétrons, as moléculas vão passar a ter **predominância** de cargas positivas, transformando-se em íons positivos; passam igualmente a **ser aceleradas** pela ação do campo elétrico E, e colaboram, assim, para a **ionização de outras moléculas** ainda **neutras**. Essa reação em cadeia leva a uma rápida elevação da corrente; a ruptura do gás se processa. O tempo necessário para o desencadeamento dessa reação varia entre 10^{-5} a 10^{-7}s. Esse tempo, entretanto, poderá ser menor, no caso em que a **tensão de ruptura** foi aumentada, geralmente na forma de um impulso de tensão, o que dá origem à definição do **fator de impulso** β, assim definido:

$$\beta = \frac{U}{U_0},$$

onde:

U é a tensão de ruptura perante dado impulso; e

U_0, a tensão de ruptura perante solicitação à frequência industrial.

O valor de β pode chegar a ser igual a 2, quando o **campo** aplicado é heterogêneo. Nessas considerações, foram desprezados os efeitos da **fotoionização**, que, entretanto, podem influir **acentuadamente** no sentido de **acelerar** a ruptura, reduzindo o valor da tensão de ruptura ou o da rigidez dielétrica, dependendo do material isolante considerado.

Nessa ionização em cadeia, são arrastadas também partículas com nível de energia **elevado**, maior do que a energia de ionização (W_i) dando, finalmente, origem a **radiações luminosas**.

Conforme já mencionado, o valor da tensão de ruptura é, acentuadamente, função do **tipo** de campo elétrico aplicado, podendo ser este basicamente **homogêneo ou heterogêneo**.

Vejamos, inicialmente, uma análise **da ruptura de gases perante a ação de campos elétricos homogêneos**.

Ruptura perante um campo elétrico homogêneo

Um campo elétrico suficientemente homogêneo pode ser representado por linhas paralelas, que se estabelecem entre **planos paralelos** de arestas arredondadas, ou mesmo **entre esferas de descarga** de elevado diâmetro e pequeno afastamento entre si. A ruptura do volume de gás entre esses planos é instantânea, assim que a tensão aplicada atinge os valores da **tensão de ruptura** U_r, dando origem, assim, ao valor da rigidez dielétrica, obtido pelo **quociente dessa tensão U_r pela distância h entre eletrodos** de placas ou esferas. A intensidade de campo E, na qual ocorre a ruptura, é dependente da pressão do gás e da temperatura presentes. Ao atingir-se o valor de **ruptura**, aparece uma centelha entre os eletrodos, que se transforma num **arco voltaico** sempre que a fonte de alimentação tem valor ôhmico suficientemente **baixo**. A distância h entre os eletrodos também precisa ser perfeitamente conhecida, uma vez que da tensão de ruptura U_r e do afastamento h é que se pode **calcular a rigidez dielétrica** do material.

Na Figura 1.26, temos a representação gráfica típica **da rigidez dielétrica** (em kV/cm) **em função do afastamento** h.

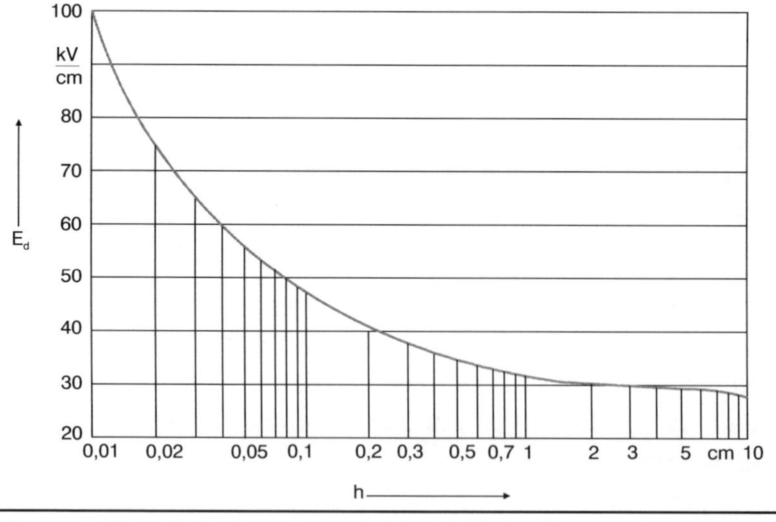

Figura 1.26 • Variação entre a rigidez dielétrica E_d e o afastamento h entre eletrodos, no caso do ar, em campo homogêneo.

Quando o afastamento h é **pequeno**, o valor da rigidez dielétrica se **eleva**, o que se justifica pela **facilidade** com que os elétrons se deslocam através desse afastamento entre eletrodos, sem sofrer colisão e perdas, e, portanto, **sem** participar do processo da ionização.

Para o ar, sob condições normais, ou seja, perante **uma temperatura de** 20 °C e a uma pressão de **1 atmosfera** (101325 pascais), a rigidez dielétrica é de 30 kV/cm, para um afastamento entre eletrodos de 3 cm. Reduzindo-se esse afastamento para, por exemplo, 0,0005 cm, a rigidez dielétrica se eleva até valores de 700 kV/cm. Os valores de tensão indicados se referem à **tensão contínua** ou a **valores de pico de corrente alternada, a frequência industrial**.

A rigidez dielétrica de um gás depende acentuadamente da **densidade desse gás**. Isso significa que, mantida a temperatura constante, a rigidez dielétrica depende da **pressão** do gás. Perante pressões **elevadas** e correspondente **elevação das densidades**, reduz-se a distância entre as moléculas, o afastamento entre os elétrons e se **eleva** o número de partículas por unidade de volume. Dessa forma, **eleva-se o valor da tensão de ruptura** do material, o que é sinônimo de **elevação da rigidez dielétrica**. Se, em seguida, houver uma **redução** da pressão, como mostra a Figura 1.27, notaremos uma redução do valor da **tensão de ruptura**, devido ao aumento do afastamento médio entre os elétrons. Se, entretanto, continuarmos a **reduzir** a pressão, observaremos uma nova **elevação** da tensão de ruptura ou da rigidez dielétrica, fenômeno que é explicado pela **redução do número de moléculas do gás**, o que, por sua vez, **reduz** a probabilidade de uma **ionização** devido a choques entre partículas **neutras** de gás ou entre **elétrons**. No caso em que a pressão **é tão baixa** que corresponda a um **vácuo elevado, não ocorre mais ruptura dielétrica por ionização**. Nesse caso, os elétrons necessários ao aparecimento de **uma descarga** serão provenientes de destruição dos **catodos metálicos** aos quais esses elétrons são arrancados. No vácuo, a rigidez dielétrica atinge valores de até 10^3 kV/cm. Essa característica é, eventualmente, usada em alguns equipamentos que trabalham **com tensões de alta frequência**.

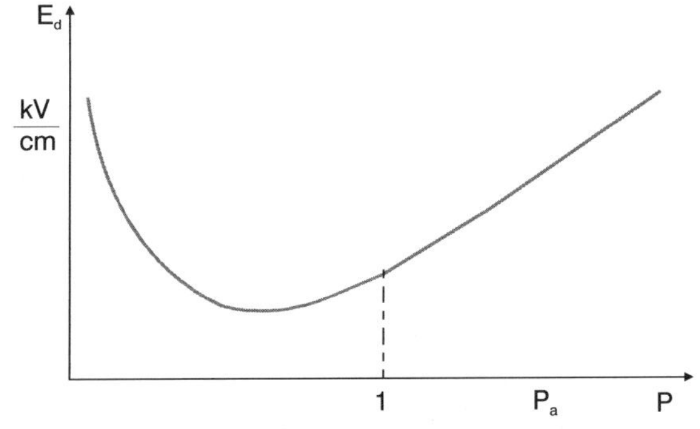

Figura 1.27 • Dependência esquemática entre a rigidez dielétrica (E_d) e a pressão do gás p.

Da mesma maneira, gases são aplicados, **sob alta pressão**, como isolantes para **equipamentos de alta-tensão** (dispositivos de comando, cabos, capacitores). Experimentalmente, conclui-se que a **tensão de ruptura** de um gás é proporcional ao **produto da pressão do gás pelo afastamento entre eletrodos**, o que vem graficamente representado na Figura 1.28.

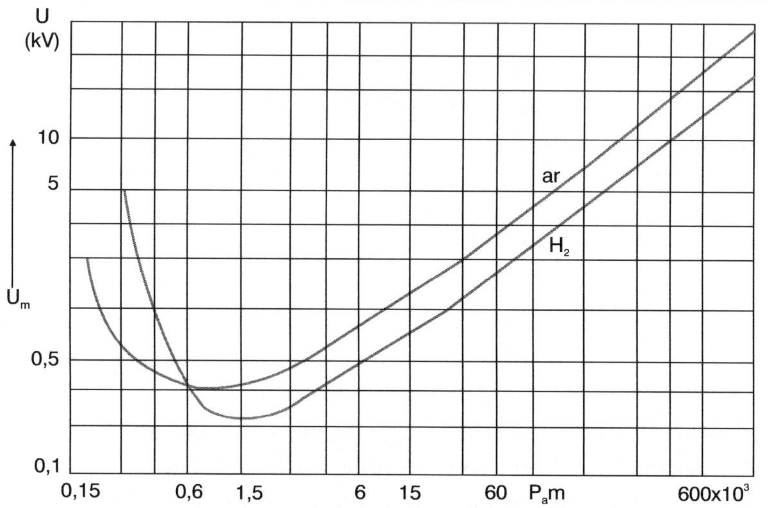

Figura 1.28 • Dependência entre a tensão da descarga e o produto, pressão X afastamento entre eletrodos para o ar e o hidrogênio.

Cada gás apresentará nesse **produto** um valor **mínimo de tensão de ruptura**, que se encontra entre 300 e 400 V. Uma vez que, perante uma suficiente estabilidade de pressão e de temperatura, a tensão de ruptura é proporcional à pressão do gás e pode ser calculada em condições normais (t = 20 °C, p = 760 Torr), pela fórmula:

$$U_r = U_0 \times \delta.$$

Sendo

U_r, a tensão de ruptura nas condições dadas de pressão e de temperatura;

U_0, a tensão de ruptura, sob condições normalizadas; e

δ, o fator relativo à densidade do gás.

O valor de δ pode ser calculado como segue:

$$\delta = 0{,}386 \frac{p}{t + 273}.$$

para t = 20 °C.

Perante **campos homogêneos**, a tensão de ruptura de um gás depende acentuadamente da **frequência**, como demonstra a Figura 1.29, cujas ordenadas indicam a proporção entre a **tensão de ruptura** a uma dada frequência e a **tensão de ruptura** de corrente contínua. **Elevando-se a** frequência, observa-se, inicialmente, **uma redução** da taxa de ruptura até uma frequência de, aproximadamente, 5 x 10^6 Hz.

Continuando no **aumento** da frequência, a tensão de ruptura se **eleva** novamente e, se forem atingidas frequências suficientemente **elevadas**, serão superados os valores obtidos em corrente contínua.

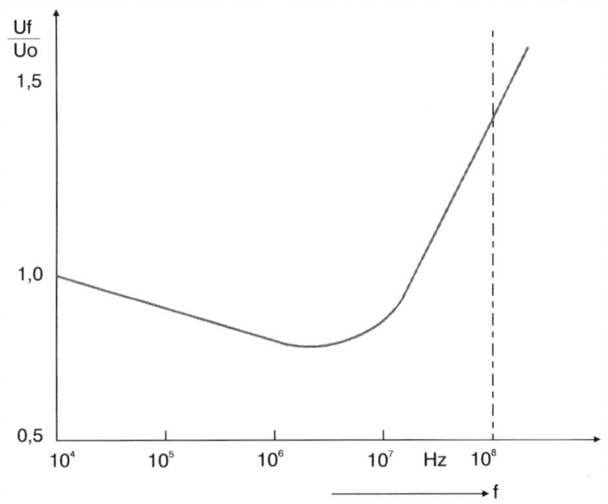

Figura 1.29 • Variação do quociente da relação da tensão de ruptura em corrente alternada e da tensão de ruptura contínua em relação à frequência, no caso do dielétrico ar.

Vejamos o porquê desse comportamento. A primeira **redução** da tensão de ruptura com **elevação** de frequência tem sua razão na **distorção do campo elétrico** aplicado. Essa distorção é proveniente de cargas espaciais que aparecem devido à **diferença** entre as mobilidades das partículas de **carga negativa** (os elétrons) e as cargas positivas (os prótons), esses últimos com massa bem superior. **Elevando-se** mais a frequência, os períodos ficam tão curtos, que uma ionização se torna difícil **de ser completada**, com o que a tensão suportável do gás, que é a tensão de ruptura, **se eleva**.

Outro fator com acentuada influência sobre a rigidez dielétrica de um gás é sua **composição química**. Na Tabela 1.14, os valores indicados comprovam essa afirmação, onde os valores entre tensões de ruptura de alguns gases são comparados com o do ar.

Os valores indicados valem para gases sob condições normais (t = 20 °C, p = 101 000 Pa), dos quais alguns são usados em técnicas modernas, como é o caso do SF 6.

Tabela 1.14 • Tensão de ruptura de gases diversos comparados com o ar.

Designação do gás	Composição química	Quociente entre a tensão de ruptura do gás e a do ar
Gás carbônico	CO_2	0,9
Nitrogênio	N_2	1,0
Gás de enxofre e flúor	SF_6	2,5
Fréon (metana difluor dicloro)	$CC1_2F_2$	2,6
Clorofórmio	$CHCl_3$	4,2
Tetracloreto de carbono	$CC1_4$	6,4

Ruptura do gás em campos elétricos heterogêneos

Quando os eletrodos de ensaio ou as peças alimentadas não são constituídos de placas planas e paralelas, o campo atuante não é mais homogêneo. Aparecem, assim, campos heterogêneos, quando o gás separa elementos com formato **esférico, em ponta, ou estes dois em oposição a um plano**. Uma das características que a ruptura do gás apresenta, nessas condições, é a existência de **descargas parciais**, em forma de coroa (corona), nos pontos em que a concentração do campo **ultrapassa** valores críticos, valores de tensão **menores** do que os encontrados com campos **homogêneos**.

Continuando-se na **elevação** de tensão, a descarga por corona se transforma em **centelhamento**, e, daí, passa a um arco voltaico. A Figura 1.30 mostra a variação da tensão de ruptura e de corona no ar, em função do **afastamento entre os eletrodos**. Observa-se que, perante **pequenos** afastamentos entre **eletrodos**, os valores da tensão de ruptura e da de corona praticamente **coincidem**, mas que, **aumentando-se** o afastamento, com o que se **eleva a heterogeneidade** dos campos, a diferença entre os dois se **acentua** e, daí para a frente, a descarga por corona **antecede** a outra.

Se os eletrodos de ensaio forem **uma placa e uma ponta** de prova, a grandeza da tensão de ruptura dependerá da polaridade dos **eletrodos**. Se a ponta for **positiva** e, consequentemente, a placa **negativa**, a ruptura se dará a uma tensão **menor** do que no caso inverso. A explicação para esse fato resulta da observação de que, **em torno da ponta de prova**, se observa um acúmulo de cargas cargas positivas, que **facilitam** a concretização de uma descarga (Figura 1.31).

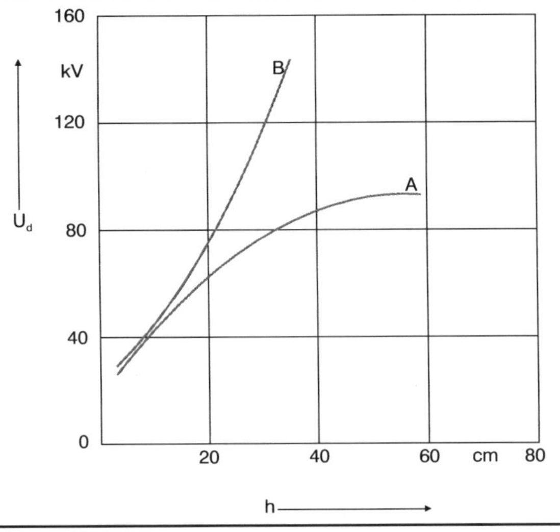

Figura 1.30 • Tensão de corona A e a tensão de ruptura U_d entre dois fios paralelos em função do afastamento.

Se o campo heterogêneo é criado por **tensões de frequência elevada**, a ruptura do gás ainda ocorre a valores mais **baixos** de tensão do que os registrados em corrente contínua ou alternada de frequência industrial, havendo praticamente coincidência nos valores da **tensão de corona e de ruptura**.

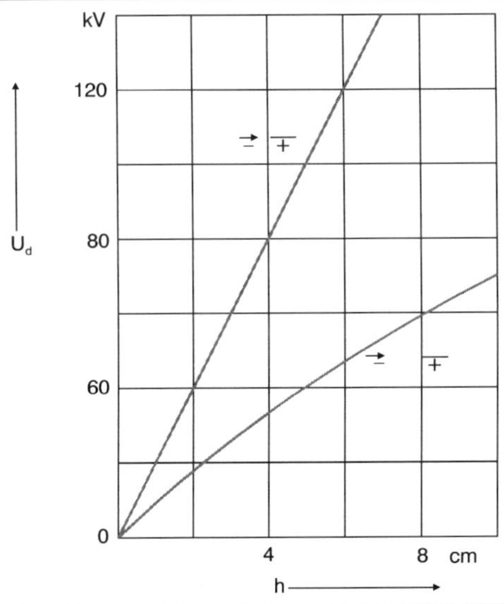

Figura 1.31 • Dependência entre a tensão de ruptura (U_d) e o afastamento entre eletrodos (h) para o caso do ar e perante campos heterogêneos de diferentes polaridades.

O comportamento de ruptura analisado em campos **heterogêneos** difere acentuadamente do encontrado em campos **homogêneos**. A Figura 1.32 comprova graficamente esta conclusão.

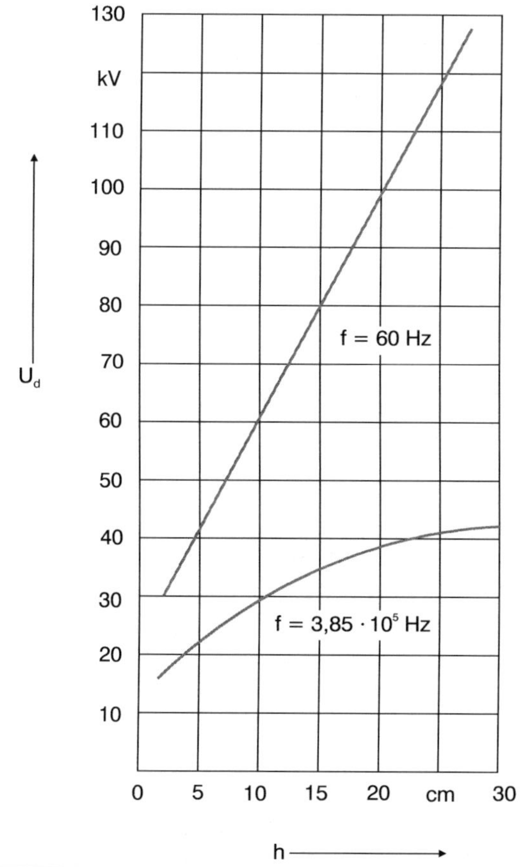

Figura 1.32 • Dependência da tensão de ruptura U_d em relação ao afastamento entre eletrodos (h), no caso do ar, para diversas frequências perante campos heterogêneos.

Ruptura dielétrica dos líquidos

De uma maneira geral, a rigidez dielétrica dos líquidos é sensivelmente **superior** à dos gases sob condições normalizadas (t = 20 °C e p = 100 000 P_a).

O valor da **tensão de ruptura** é acentuadamente influenciado pela eventual existência **de impurezas**, que, muitas vezes, não podem ser eliminadas. Essas impurezas são, sobretudo, **gases, água e pequenas porções de sólidos**.

Diversas foram as teorias desenvolvidas para explicar o mecanismo da **ruptura dielétrica nos líquidos**. Uma delas, baseia as razões da ruptura no calor que aparece em pontos de considerável concentração de impurezas, devido à circulação de correntes de descarga relativamente altas, e fazendo com que o líquido se evapore, formando, assim, "pontes gasosas" de baixa rigidez dielétrica.

Para líquidos de **elevada pureza**, podemos aplicar a teoria da ionização, já abordada nos gases. A elevação da rigidez dielétrica nos **líquidos**, comparativamente com os **gases**, se deve à menor distância entre elétrons livres. Os elétrons necessários à iniciação do processo de **descarga** são retirados dos **eletrodos metálicos** ou obtidos por **destruição** de algumas moléculas do líquido.

A Figura 1.33 demonstra uma das influências de **impurezas**, no caso de água em óleo mineral. Nota-se a grande influência apesar da porcentagem relativamente **pequena** de água. Eliminando-se, consequentemente, essa água, a rigidez dielétrica se **eleva** acentuadamente. Esse fato é uma das bases para recondicionar óleos de transformadores, que, quando em uso uso já relativamente prolongado (mais de 10 anos), podem estar contaminados com certa porcentagem de água, além de outras impurezas, que formam uma **"lkama" de baixo poder isolante**.

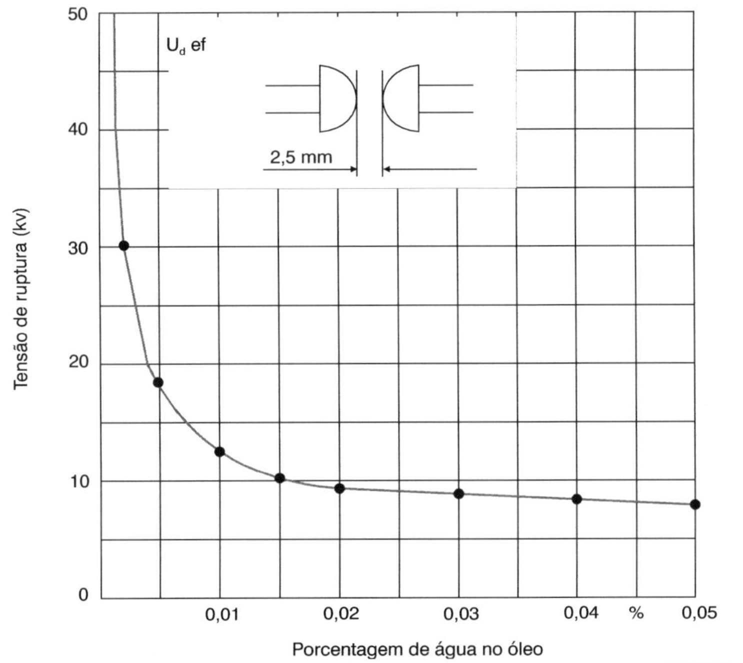

Figura 1.33 • Influência da presença de água sobre grandeza da rigidez dielétrica do óleo. Os eletrodos usados são os esféricos, com afastamento de 2,5 mm.

Para comparar numericamente esses valores, podemos lembrar que um óleo mineral **com** impurezas apresenta valores de rigidez dielétrica de **30 kV/cm** ou menos, enquanto o mesmo óleo, limpo e seco, atinge **até 200 kV/cm**.

A **impureza** influi também acentuadamente sobre a resistência contra descargas no caso de **impulsos**, em que um líquido puro (sem impurezas) apresenta uma resistência 5 a 8 vezes superior. Com elevação do grau de pureza, a resistência a descargas por impulso **cresce menos** do que a resistência à tensão contínua de ruptura, de tal modo que, nos líquidos mais **puros** que já foram analisados, a relação entre os valores ainda mantém a **proporção de 1:3**.

Outro fator importante, que influi sobre a rigidez dielétrica, é a **temperatura**. Cada isolante líquido possui um dado limite de temperatura, **até o qual** pouca influência é notada. No caso do óleo mineral, esse valor é de 80 °C. Contendo umidade, vale lembrar também que esse isolante líquido poderá eliminar água por **evaporação** em torno de 100 °C, o que também vai influir sobre a rigidez dielétrica.

A influência negativa da elevação de temperatura sobre as propriedades isolantes faz com que aquecimentos, que aparecem devido às perdas, **particularmente em líquidos polares, reduzam** a rigidez dielétrica de diversos líquidos, perante **frequências elevadas**. Observe, na Figura 1.34, a influência da temperatura.

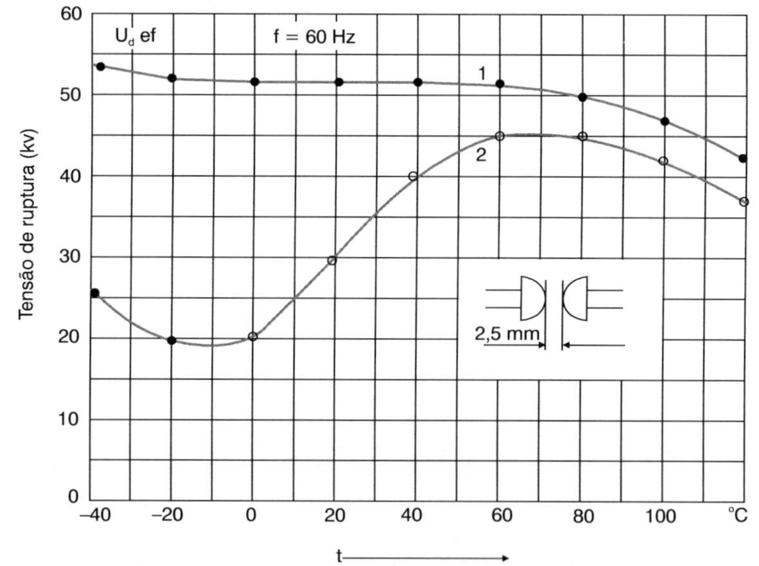

Figura 1.34 • Variação da tensão de ruptura em função da temperatura, no caso do óleo para transformadores, medida com eletrodos padronizados. 1 – óleo seco; 2 – óleo de uso normal com traços de óleo.

Ruptura elétrica de isolantes sólidos

O processo da ruptura dielétrica dos **sólidos** é bastante complexo e já deu margem a muitas teorias e suposições. Entretanto, mesmo sem se ter uma teoria completa sobre o assunto, há geral concordância nas afirmações de que um **dielétrico**

sólido pode perder suas propriedades devido a causas **puramente elétricas** (diferença de potencial) ou devido a **causas térmicas** (elevação de temperatura). Estabelece-se, assim, a análise da rigidez dielétrica em termos da *ruptura elétrica* e da *ruptura térmica*. Vejamos, inicialmente, a ruptura elétrica.

A teoria mais atual sobre o assunto baseia-se na **física quântica** e **no mecanismo eletrônico da ruptura**, partindo da condutividade elétrica de um isolante perante elevadas **intensidades de campo**.

Com o auxílio dessa moderna física, é possível prever, com boa aproximação, a intensidade de campo que vai **motivar a ruptura**. Entretanto, diversos detalhes e comportamentos paralelos, **durante a ruptura**, permanecem sem uma explicação aceitável.

A análise experimental da ruptura elétrica de corpos sólidos permitia **concluir** que a grandeza da **intensidade de campo** na ruptura depende **acentuadamente** da estrutura **molecular** do corpo de prova, da **configuração** do campo aplicado e **do tipo de tensão** de ensaio.

A **configuração** do campo atuante sobre o isolante é consequência **da geometria da disposição dos eletrodos e do corpo de prova**. Paralelamente, podem ocorrer distorções do campo, devido à **heterogeneidade estrutural** do corpo de prova, apresentados, sobretudo, devido à presença interna de **bolsas de ar** e **impurezas**, ou da **característica** do material isolante se apresentar em **camadas** (como no caso da mica). Esses fatos levam a uma situação tal, que somente em raras situações podemos considerar o campo como sendo **homogêneo**. Quanto mais homogêneo for um isolante, no que se refere a sua estrutura, tanto menor a probabilidade de aparecerem distorções internas de campo e tanto mais a ruptura será função da **homogeneidade** do campo atuante sobre o isolante. O valor **máximo** desse campo será alcançado, consequentemente, em corpos e campos os **mais homogêneos** possíveis.

Somente **nesse** caso, a tensão de ruptura ou o valor da rigidez dielétrica **varia linearmente** com a espessura do corpo de prova.

Um grande problema é a aplicação de um campo rigorosamente **homogêneo**, devido ao aumento da densidade do campo elétrico **perto** das beiradas do eletrodo de ensaio, tanto **em placas** paralelas quanto em campos **cilíndricos**.

Esse **"efeito de borda"** traz consigo uma heterogeneidade do campo e, daí, leva a valores errados de leitura. Esse erro pode ser reduzido, dando-se uma **configuração adequada** à zona das bordas, ou o eletrodo de ensaio é colocado em um meio semicondutor, reduzindo ou eliminando, assim, também o **efeito corona** e a ruptura a valores **inferiores** à real tensão de ruptura. Se os ensaios forem realizados com tensão alternada à frequência industrial, então o aparecimento do corona leva à **elevação** da condutividade do ar que envolve os eletrodos, devido à sua ionização, e a uma consequente **redução do efeito das bordas** ou pontas. Mesmo a colocação do corpo de prova dentro de óleos isolantes não elimina o efeito descrito, apenas o **reduz**.

A Figura 1.35 demonstra a influência da homogeneidade do campo sobre a intensidade do campo de ruptura, usando um corpo de prova de vidro e um de porcelana, com espessura variável. Já nas Figuras 1.36 e 1.37, vem graficamente apresentada a variação da intensidade do campo **homogêneo e heterogêneo** em função da espessura do material, perante frequência industrial, notando-se uma maior influência na variação desses fatores no caso do vidro do que no da porcelana.

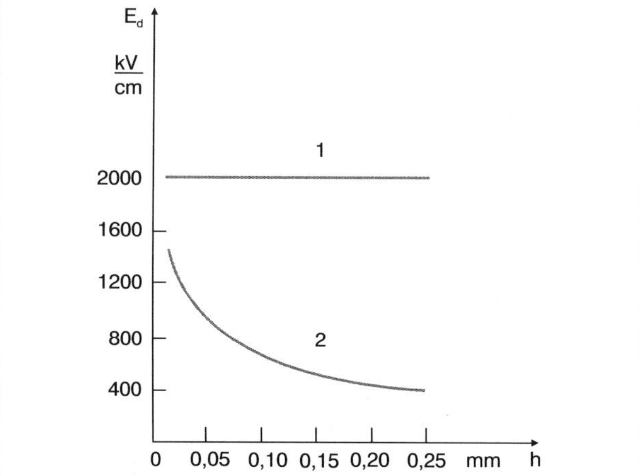

Figura 1.35 • Influência da espessura do vidro sobre a rigidez dielétrica. 1 – em campo homogêneo; 2 – em campo heterogêneo.

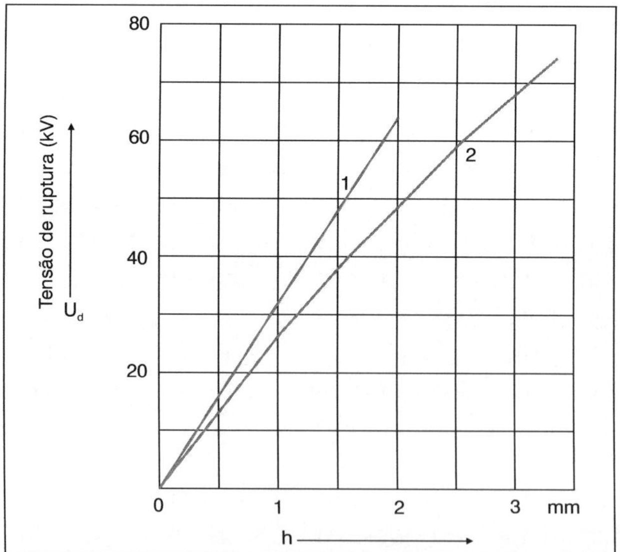

Figura 1.36 • Influência da espessura da porcelana sobre a tensão de ruptura perante 60 Hz. 1 – em campo homogêneo; 2 – em campo heterogêneo.

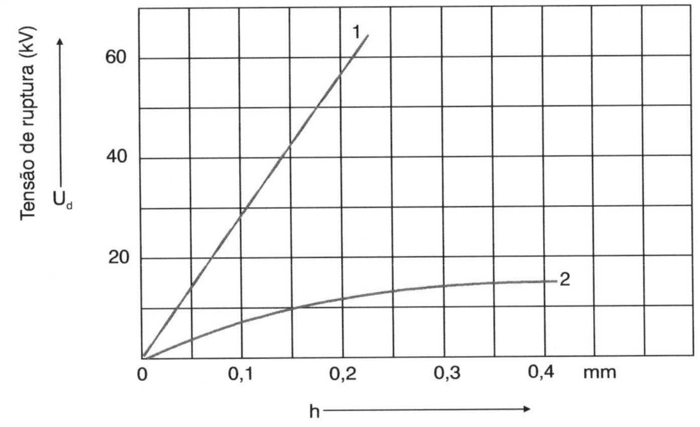

Figura 1.37 • Influência da espessura do vidro sobre a tensão de ruptura perante tensão alternada de 60 Hz. 1 – em campo homogêneo; 2 – em campo fortemente heterogêneo.

Uma característica predominante e típica da **ruptura elétrica** é o fato de que seu **valor não depende** da temperatura e do **tempo de aplicação** da tensão de ensaio. Na Figura 1.38, tem-se a representação desse fato, ocorrendo, no caso da porcelana, uma sensível variação do campo de ruptura acima de 80 °C. Este fato ocorre, porém, devido à ruptura **térmica**, e não elétrica.

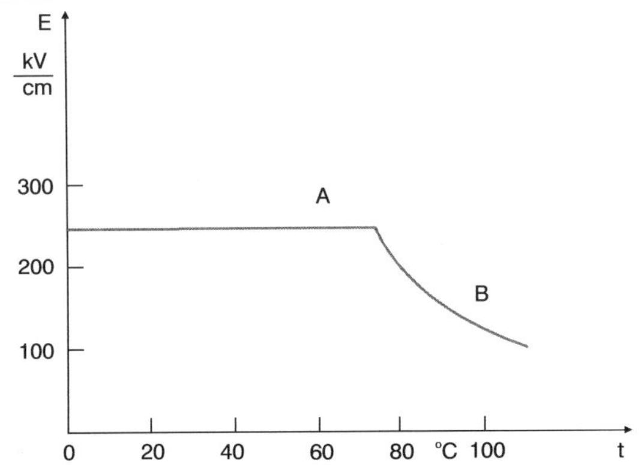

Figura 1.38 • Influência da temperatura sobre rigidez dielétrica de porcelana para isoladores perante tensão alternada de 60 Hz. A – ruptura elétrica; B – ruptura térmica.

A tensão de ruptura é influenciada acentuadamente por **estruturas porosas e fibrosas** de materiais, como observa-se nos mármores, papéis e outros, aproximando-se seu valor de rigidez dielétrica bastante do **valor do ar**. Por essa razão, tais materiais porosos e fibrosos são geralmente empregados dieletricamente com uma adequada impregnação, usando-se, para tanto, **óleos e vernizes isolantes**. As Tabelas 1.15 e 1.16 trazem alguns valores comparativos nesse sentido.

Tabela 1.15 • Rigidez dielétrica E_d de diversos isolantes.

Material	**Rigidez dielétrica em campo homogêneo (kV/cm) f = 60 Hz**	**Particularidades**
Vidro	1000 – 3000	Material isolante de elevado peso específico e homogêneo, bem como laminado, quando o campo é dirigido perpendicularmente às camadas laminadas.
Sal	1000 – 1500	
Papel impregnado	1000 – 3000	
Mica	2000 – 3000	
Polistirol, triacetato de celulose (em filme)	900 – 1200	
Cerâmica	100 – 300	Isolantes de estrutura heterogênea, poros fechados ou canais capilares interligados
Resina siatética (fenólica etc.)	100 – 150	
Composto de mica	100 – 150	
Mármore	40 – 50	Isolantes porosos, com poros abertos
Madeira	40 – 60	
Papel sem impregnação	70 – 100	
Cerâmica térmica	15 – 25	

Tabela 1.16 • Rigidez dielétrica (E_d) de alguns líquidos dielétricos.

Material	**Rigidez dielétrica E_d em campo homogêneo (kV/cm) f = 60 Hz**	**Particularidades**
Óleo para transformador, impuro	40 – 50	Líquidos
Óleo para transformador, puro	200 – 300	
Askarel	140 – 200	
Óleo de rícino	150 – 180	
Óleo de silicone	150 – 200	

Ruptura térmica dos isolantes sólidos

Um dielétrico sob a ação de um campo elétrico orientado, absorve certa energia, **tendente** a orientar as partes estruturais que tenham determinada polaridade própria. Essa energia se transforma em **calor**, podendo elevar **acentuadamente** a temperatura do dielétrico. Desenvolve-se, assim, a tendência a uma **destruição térmica** do isolante, dando origem a **fissuras, amolecimento, carbonização** e outras modificações da matéria-prima, que, por representarem **modificações estruturais**, têm como consequência a perda de certas propriedades, entre as quais o **seu poder de isolação**. Ocorre, assim, a chamada **ruptura térmica**.

Simultaneamente, durante o processo de destruição térmica, **eleva-se** sua condutividade e seu **fator de perdas**, ambos fatores que vão levar à nova elevação de temperatura e à ampliação da destruição já em andamento.

Básico no estudo da **ruptura térmica** de um isolante sólido é, ainda, o fato de que a **tensão**, na qual ocorre a ruptura térmica, **não é** uma grandeza característica, **como o é na ruptura elétrica**, dependendo muito mais do elemento de que é feito o material.

Assim, distinguem-se frontalmente os dois conceitos de ruptura elétrica e térmica, em que, **na primeira**, a intensidade de campo **na ruptura é uma constante do material**.

O valor da **tensão de ruptura** em que ocorre o aquecimento do material, depende, entre outros, da **frequência** da tensão aplicada, das **condições de refrigeração**, da **temperatura do meio envolvente** e da **estabilidade térmica do material**.

Assim, a **tensão de ruptura térmica** de isolantes **orgânicos** é de **menor** grandeza que nos **inorgânicos**, simplesmente devido à **menor estabilidade térmica dos orgânicos**.

Para o cálculo da tensão de ruptura térmica de um isolante, deve-se conhecer, principalmente, a **estabilidade térmica** do material, seu **ângulo de perdas** e sua **variação** em função da temperatura. Como os materiais possuem leis de variação próprias, cada qual trará valores de tensão de ruptura diferentes, sendo necessário determinar para cada gama de temperaturas de serviço, a **tensão máxima admissível**. Destaca-se, nesse sentido, a teoria de Fock, que estabelece **o valor eficaz** da tensão térmica de ruptura dada por

$$U_{def} = 7{,}78\sqrt{\frac{K}{\alpha\varepsilon_0 f \operatorname{tg}\delta_0} \times 10^6 \times \varphi(C)},$$

onde: f é a frequência (Hz); e, a constante dielétrica; tg δ_0, o fator de perdas, nas condições do ambiente considerado; K, o coeficiente de condutividade térmica do isolante *e* K_1, do eletrodo; esses dois últimos medidos em cal/cm grau s; δ, *o* número de transmissão de calor entre o corpo de prova e o eletrodo, em cal/cm^2 graus, e as grandezas h e l em centímetros, podendo-se calcular a grandeza C segundo a equação:

$$C = \frac{K_1 \sigma h}{K\left(K_1 + \sigma l\right)}.$$

A função φ (c) pode ser obtida da Figura 1.39, com o que a equação pode ser resolvida. A equação, entretanto, tem suas **limitações de uso**, dependendo das características intrínsecas e particulares de alguns materiais, sobretudo no seu **equilíbrio térmico**, que por sua vez leva a alterar o valor do tg δ. O **equilíbrio térmico** se estabelece quando o calor **gerado** é igual ao **irradiado**, o que ainda fica condicionado, não só ao material, mas também ao seu **formato geométrico**. O conhecimento desses detalhes é particularmente importante para evitar que a **temperatura** de um corpo isolante não **ultrapasse um dado valor crítico**, acima do qual venha a ocorrer a ruptura térmica. Uma análise gráfica dessa situação é feita na Figura 1.40-a, em que a temperatura é analisada em função da **potência absorvida Pa**. A curva da Figura 1.40-b demonstra a **variação da troca** de calor em função da **temperatura superficial** do isolante.

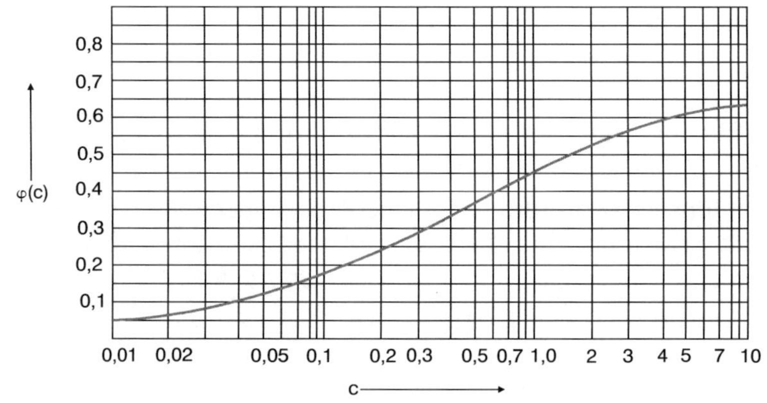

Figura 1.39 • Variação da função φ(C) para o cálculo da ruptura térmica segundo W. A. Fock.

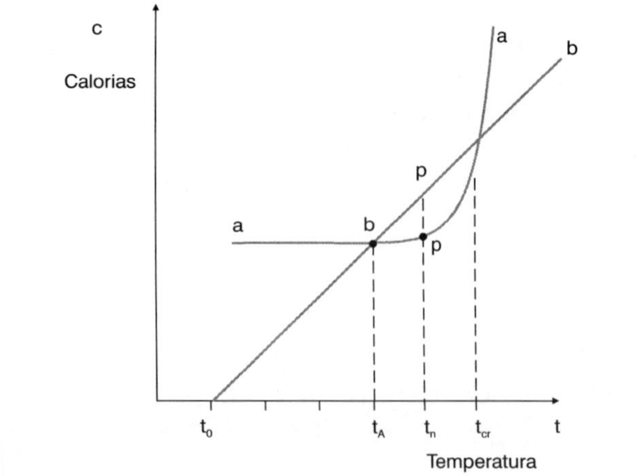

Figura 1.40 • Calorias desenvolvidas (a) e calorias liberadas (b) em um isolador.

14 • O COMPORTAMENTO HIGROSCÓPICO

Apesar de numerosos dielétricos **pouco** ou, aparentemente, **nada sofrerem** com a presença da **água** ou da **umidade**, não é exagerado dizer que todos os isolantes apresentam certo **grau de higroscopia**. O conhecimento exato do grau de absorção de água é de extrema importância, uma vez que daí resultará uma **sensível perda** das propriedades isolantes do material, a menos que sejam tomadas certas precauções visando a sua **eliminação** e a proteção posterior do isolante através de **impregnação** ou **cobertura** apropriadas. Essa é a razão também por que um dos ensaios de isolantes mais importantes se ocupa com esse problema.

O **grau de absorção de umidade** é variável em função do **material** e do **tempo** durante o qual o isolamento está exposto à mesma, **saturando-se** praticamente após um certo intervalo de tempo, como se pode notar na Figura 1.41. O processo inverso, ou seja, a **secagem** do corpo, tem um comportamento semelhante. Tanto a umidificação quanto a secagem são referidas a 20 °C. Essa umidade pode estar presente **no ar** ou no **ambiente** em que o dielétrico é usado (quando instalado no solo úmido ou diretamente na água).

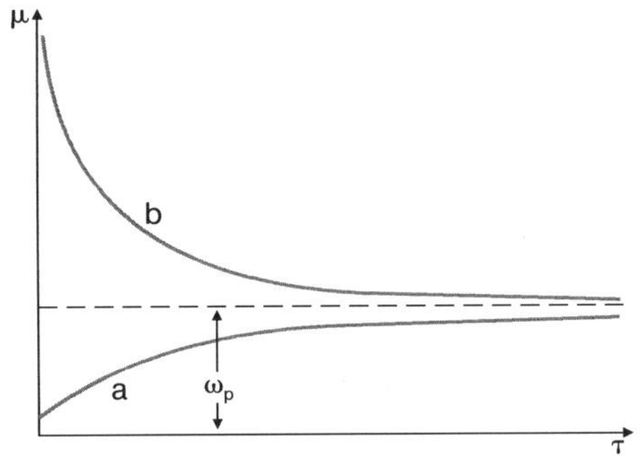

Figura 1.41 • Variação, em função do tempo, do conteúdo de umidade μ de um corpo de prova nas fases de absorção (a) e de secagem (b).

A umidade presente num corpo é **acentuadamente** dependente da **temperatura**, como mostram as Figuras 1.42 e 1.43. Elevando-se a temperatura, diminui-se o valor μ_p de equilíbrio da umidade, **mantida constante a umidade**. Daí resulta que o processo de secagem é influenciado pela **umidade** presente, pela **ventilação ou troca de ar** e pela **temperatura**.

A umidade contida em um material é **determinada** da seguinte maneira: um corpo de prova é pesado com o máximo cuidado, determinando-se seu peso G; o passo seguinte é secar o corpo por meio de materiais **secantes** (P_2O_5, $CaCl_2$ etc.) ou **estufa**, perante **elevação da temperatura**.

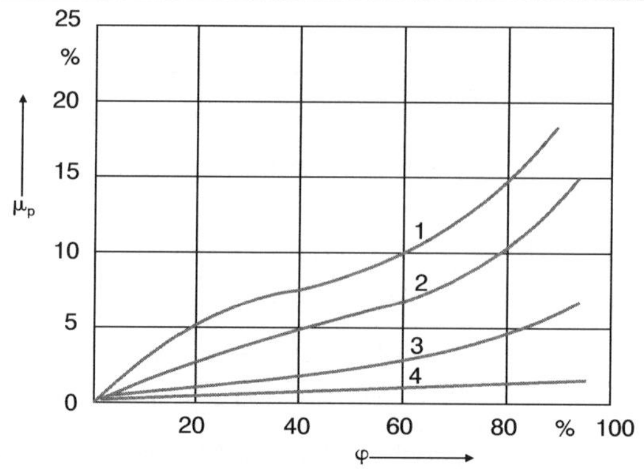

Figura 1.42 • Influência da umidade relativa (φ) sobre o equilíbrio de umidade (μ_p) de diversos materiais. 1 – madeira; 2 – papel para cabos; 3 – resina fenol-formaldeída; 4 – cerâmica porosa.

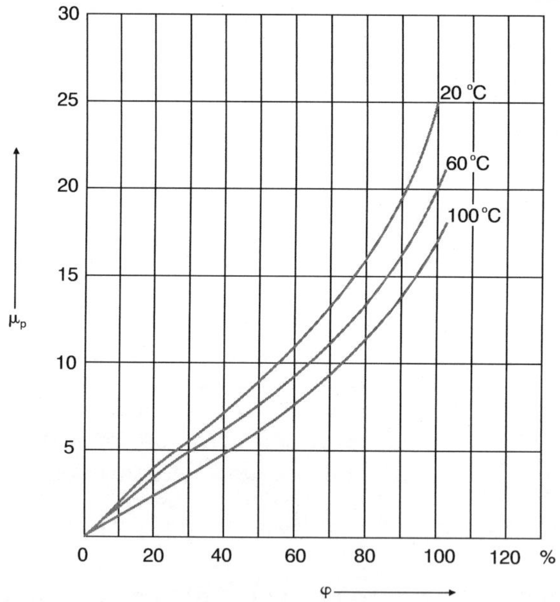

Figura 1.43 • Influência da umidade relativa (φ) sobre o equilíbrio de umidade (μ_p) de madeiras perante diversas temperaturas.

A escolha do **processo de secagem** depende do corpo de prova, de tal modo que o processo de **secagem não altere** as características do material. Durante esse processo, o corpo de prova é periodicamente pesado, tendendo o valor do peso a apresentar **diferenças cada vez menores**, em relação ao valor anterior. Quando esse **$\Delta\mu$** atinge valores **muito pequenos**, estaremos muito próximos do valor G_0, **que é o seu peso a seco**. A umidade percentual do corpo de prova resulta, assim,

$$\mu = \frac{G - G_0}{G_0} \times 100(\%).$$

O **conteúdo da umidade** de um corpo de prova é de importância fundamental para a determinação das condições sob as quais determinados ensaios devem ser realizados. Esse aspecto adquire ainda singular **importância** quando o ensaio é feito em material higroscópico, como é o caso de papéis, fibras e alguns tipos de **cerâmicas** e **plásticos**. Para efeito de normalização, a umidade relativa de referência do ambiente é adotada como sendo de 65%.

Define-se, ainda, **higroscopia de um material** como a umidade de equilíbrio do material em contato com o ar a **20 °C e 100% de umidade relativa**. Praticamente, a higroscopia é determinada partindo-se de um **corpo seco** e expondo-o até o seu **equilíbrio**, a 20 °C e 100% de umidade relativa. Em termos práticos, essa exposição não ultrapassa 24 horas.

Portanto, partindo-se de um corpo com peso inicial G_0, e que passa a ser G_1 após sua exposição à umidade, a higroscopia **μ**, é dada por

$$\mu_1 = \frac{G_1 - G_0}{G_0} \times 100(\%).$$

15 • ABSORÇÃO DE ÁGUA

Em numerosos casos práticos, um isolante não é apenas exposto à umidade do ar ou a vapores de água, mas é **instalado diretamente na água**. Esse é o caso da maioria dos isolantes instalados sem abrigo ou embaixo da água. Identicamente ao caso anterior, a absorção de umidade é determinada pesando-se o corpo, quando este está **seco** (G_0) e pesando-o novamente **após** uma suficiente exposição à água (G_2), estando a água a 20 °C, resultando:

$$\mu_2 = \frac{G_2 - G_0}{G_0} \times 100(\%).$$

Em todos os materiais isolantes se observa que **$\mu_2 > \mu_1$**.

Quando são determinadas as condições de higroscopia ou de absorção de água de um corpo, deve-se observar se os corpos de prova obedecem a algumas **medidas normalizadas**, cabendo verificar se apresentam comportamento anisotrópico ou não. Assim, os papéis variam sua capacidade de **absorção** de água **longitudinal** e transversalmente à fibra. Outrossim, variam de acordo com a natureza do próprio material. Isolantes **não polares** (por exemplo, parafina etc.) apresentam **pequeno valor** de **μ**. Ao contrário, os valores mais elevados de **μ** aparecem em isolantes acentuadamente **polares** e entre estes, nos que apresentam o radical OH.

Ao lado da constituição química da **molécula** do isolante, a **estrutura** do material também tem **acentuada** influência sobre a higroscopia e a capacidade de absorção da água. A existência de **capilaridade** do material e suas **dimensões geométricas** têm influência acentuada sobre a penetração da água. Materiais com grande **porosidade**, sobretudo do tipo fibroso, são bem mais higroscópicos do que outros materiais mais compactos. Outros, ainda, praticamente compactos, como os vidros, apresentam uma porosidade apenas **superficial**, devido a uma **decomposição parcial** da sua superfície externa, não influindo, assim, na rigidez dielétrica, mas apenas na resistência ou resistividade superficial ρ_s.

Na comparação da higroscopia e da capacidade de absorção de água, devemos observar que esses números expressam a capacidade dos materiais quanto à capacidade de absorver umidade, mas não indicam claramente o **grau de alteração** que o material sofreu devido à presença de água ou de umidade. Assim, se uma parte, mesmo pequena, dessa água puder penetrar profundamente no material, devemos observar que já **pequenas** quantidades de água levam a **grandes** alterações de características. O exemplo a seguir expressa bem essa situação, tendo-se uma certa quantidade de papel e outra igual de borracha. O papel, **quando seco**, apresenta valores de resistividade da ordem de 10^{17} Ωcm. Uma absorção de 3% de umidade faz cair o valor da resistividade a 10^{11} Ωcm. Já a borracha, com um valor de $\rho = 14 \times 10^{14}$ Ωcm, perante 4,3% de umidade, passa a ter 13×10^{14} Ωcm. No caso da borracha, portanto, a umidade não penetra profundamente, ficando **retida superficialmente**.

16 • CAPACIDADE DE DISPERSÃO DA UMIDADE

Ao lado das grandezas já mencionadas, também a capacidade de um certo volume de água se **dispersar** num material é de grande significado. Essa capacidade é praticamente igual a zero em vidros e cerâmicas queimadas; contrária é a situação nos **porosos** e **fibrosos** de elevada capilaridade. Além de uma dispersão em termos moleculares, devida a características próprias da estrutura, devemos ainda **observar** eventuais **fissuras** ou **buracos** apresentados pelo material, durante o seu uso, que também podem levar a uma dispersão de umidade.

Todas essas condições, no seu conjunto, vão informar sobre a **adequabilidade** de um dado material do uso externo ou não, demonstrando claramente a influência que esse comportamento tem nas aplicações práticas.

Capítulo 2

Propriedades mecânicas

Nas condições de serviço, os materiais isolantes são expostos a uma série de solicitações mecânicas, internas e externas, as quais devem suportar adequadamente. As **solicitações mecânicas** também precisam ser levadas em consideração quando do dimensionamento dos equipamentos elétricos. Os esforços que serão analisados são os de tração, de compressão e de flexão. As taxas ou valores máximos suportáveis são determinados experimentalmente.

1 • ESFORÇO DE TRAÇÃO

Se um corpo de prova com S cm^2 for solicitado por uma força P, sua ruptura se dará perante uma força limite P_t, o que determina a **taxa de ruptura** do material, dada por

$$\sigma_t = \frac{P_t}{S}\ (P_a).$$

Durante esse ensaio, o corpo de prova sofre um alongamento ΔL, dando origem a um alongamento relativo λ, dado por

$$\lambda = \frac{\Delta L}{L} \times 100\,(\%).$$

2 • ESFORÇO DE COMPRESSÃO

Também no sentido da **compressão**, cada material apresenta um limite, cujo valor numérico é, porém, em geral, **diversas vezes superior** ao de tração (geralmente, na proporção de 10:1). Da mesma maneira, para um corpo de S cm^2 de seção transversal, a **taxa de compressão máxima** é dada por

$$\sigma_c = \frac{P_c}{S}\ (P_a).$$

3 • ESFORÇO À FLEXÃO

A **taxa máxima de flexão**, σ_f, é determinada entre dois apoios padronizados, afastados de uma distância I. Sendo b e h, respectivamente, largura e altura do corpo de prova, e P_f, a **máxima força de flexão** que pode ser aplicada, teremos o valor de σ_f dado por

$$\sigma_f = 1{,}5\frac{P_f \times l}{b \times h^2}\ (\mathrm{P_a}).$$

As **propriedades mecânicas** dos materiais isolantes dependem da **temperatura**, como mostra a **Figura 2.1**, além de variarem com o **grau de umidade**. Isso faz com que os materiais isolantes, durante os ensaios mecânicos, necessitem de uma clara definição da temperatura e do grau de umidade.

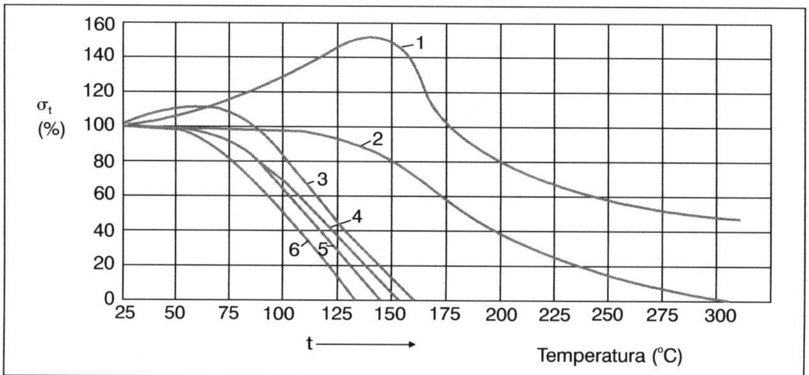

Figura 2.1 • Variação da taxa de tração t em termos porcentuais de fibras perante um envelhecimento de um mês a diversas temperaturas. 1 – fibra de vidro; 2 – tecido de amianto; 3 – tecido de algodão; 4 – juta, linho, seda artificial; 5 – lã; 6 – seda natural.

Se, de um lado, os valores assim obtidos são importantes no dimensionamento e na escolha de em material, de outro **lado não caracterizam** plenamente as propriedades mecânicas de um isolante, em todos os sentidos. Nada informam, por exemplo, quanto **à deformação sofrida** por certos plásticos, durante uma prolongada aplicação de esforços relativamente pequenos, deformação essa **bastante sensível e indesejada na maioria das aplicações práticas**.

Outras grandezas importantes são a **dureza** e a **resistência a choques mecânicos diretos**, devidamente ensaiados também em equipamentos apropriados.

4 • VISCOSIDADE

Uma grandeza física importante para os **dielétricos líquidos** e **pastosos** (óleos, vernizes etc.) é a sua viscosidade. Associados à viscosidade encontramos os conceitos de **velocidade interna de deslocamento** r e a **resistência dinâmica ao deslocamento** n, pois desses fatores dependerá a facilidade de **transferência do calor incidente** sobre esses isolantes.

Esses fatores dependerão da **natureza** do líquido, de sua **concentração molecular** e da **temperatura** em que o isolante líquido é usado, já que com elevação de temperatura altera-se a concentração molecular e a capacidade de troca de calor.

Capítulo 3
Propriedades térmicas

As propriedades elétricas, mecânicas, e físicas dos isolantes usados em eletricidade dependem acentuadamente da **temperatura**. Como os dielétricos ficam frequentemente sujeitos, em serviço, a **acentuadas variações de temperatura**, é imprescindível conhecer os limites térmicos de um material e qual a variação das propriedades citadas em função da temperatura e da sua capacidade de conduzir calor. Vejamos as características térmicas mais importantes eletricamente.

1 • COEFICIENTE DE TEMPERATURA

O coeficiente de temperatura é genericamente indicado por α_T, sendo uma constante para cada material isolante, assim como já foi abordado para os materiais condutores.

2 • ESTABILIDADE TÉRMICA

Conforme já verificamos anteriormente, a elevação de temperatura influi negativamente sobre as propriedades isolantes, ressalvadas algumas exceções, em que, **passageiramente**, o **fenômeno poderá ser o inverso**.

Dentro desse princípio, a elevação de temperatura traz consigo a **queda da resistência elétrica**, do valor do **campo elétrico** de ruptura e da **resistência mecânica**. Com elevação da solicitação mecânica, eleva-se o ângulo de perdas e a deformação do corpo de prova, destacando a importância de se conhecer a temperatura máxima **admissível** de um material, sem que as grandezas mencionadas atinjam **valores indesejáveis**.

Justifica-se também, de imediato, o interesse em se usar isolamentos capazes de suportar temperaturas **cada vez mais elevadas**, já que isso representa poder **solicitar** térmica, elétrica e mecanicamente **cada vez mais** o isolamento, permitindo, com isso, reduzir as **dimensões das máquinas**, devido ao fato de que as perdas (que são função da seção) podem ser **elevadas**, pois o material suporta **tempera-**

turas maiores. Maiores perdas admissíveis **significa menor** seção condutora necessária, o que, de um lado, reduz o preço da parte condutora, do outro lado, por reduzir a seção, diminui-se também o espaço físico ocupado.

Por essas razões, **uma das** informações normalizadas pela ABNT, de maior utilização prática, é a **classificação térmica dos materiais isolantes**, e que indica, para cada material de maior uso, a temperatura limite admissível. Resultam, assim, diversos ensaios em **materiais isolantes** destinados ao levantamento das temperaturas críticas, quais sejam as de **amolecimento** e de **inflamabilidade**, e a análise do fenômeno do **envelhecimento** desses materiais.

Envelhecimento

Em uma grande série de materiais, um ensaio com elevação de temperatura é de curta duração, eliminando dados sobre as consequencias do uso real, em que o material fica por longo tempo em serviço perante certas condições térmicas. Isso porque certas modificações **ocorrem no isolante apenas após prolongada permanência** em uma dada temperatura. Essas modificações, que ocorrem após um um certo tempo de uso, são designadas como *envelhecimento*.

A razão do aparecimento de um **envelhecimento** é geralmente encontrada numa **modificação química** do material, resultante do **calor presente**. Assim, por exemplo, certos plásticos ou resinas perdem sua **flexibilidade**, colocando em risco o seu adequado uso como capa envolvente de fios, por quebra da camada protetora; ou o óleo mineral, perante certas temperaturas **inadmissíveis**, dá origem a subprodutos (lamas) **de baixa capacidade de isolação**.

A existência ou não do fenômeno do envelhecimento, ou, em termos de ensaio, o **envelhecimento artificial** dentro de estufas, sob condições normalizadas, é verificada pela aplicação dos mesmos ensaios convencionais, porém em conduições **mais severas do que as normais**, por um curto intervalo de tempo. A temperatura não é, porém, o único fator que leva ao envelhecimento. Influem também a **composição do ambiente que** envolve o material, seu **grau de oxigênio** ou a presença de **ozona, o grau de pureza** e **o tipo de impureza** ou, ainda, a **exposição** a radiações que podem levar a **modificações estruturais**, tais como radiações **ultravioletas**, um campo elétrico excessivo ou um esforço mecânico acima do admissível.

Estabilidade perante variações de temperatura

Para outro grupo de isolantes, particularmente para os **quebradiços** (vidro, cerâmica etc.), bruscas variações de temperatura podem levar a modificações **irreversíveis**. Perante aquecimentos ou esfriamentos **rápidos da superfície** de um isolante, podem aparecer **fissuras** entre camadas mais **externas** e mais **internas** que vão prejudicar as propriedades isolantes ou mesmo levar o material à **destruição total**.

A estabilidade perante variações de temperatura, F, é definida por

$$F = \frac{1}{\alpha} \times \frac{\sigma_t}{E} \sqrt{\frac{K_m}{c \cdot \delta}}.$$

onde:

α é o coeficiente linear de dilatação;

σ_t, o esforço máximo de tração;

E, o módulo de elasticidade;

K_m, a condutividade térmica;

c, o calor específico;

δ, *o* peso específico.

Entretanto, nem sempre um resfriamento brusco leva a problemas. Assim, por exemplo, o **vidro temperado** se vale exatamente dos efeitos mecânicos de **contração** da superfície externa, para melhorar sensivelmente as características **mecânicas** do vidro, cuja camada externa terá, assim, **predominância** de esforços de compressão, que, conforme já mecionado, são cerca de **dez vezes superiores** aos de tração.

Estabilidade perante baixas temperaturas

Embora as baixas temperaturas sejam menos frequentes entre nós – mas apresentando também algumas aplicações importantes, sobretudo de natureza industrial, tal como no caso de sistemas **elétricos de aviões e frigoríficos** –, é necessário conhecer-se, também, o comportamento de um isolante perante elas. Esse comportamento é geralmente analisado até temperaturas de – 60 a – 70 °C. A tendência geral é a de que as propriedades isolantes **melhoram** perante baixas temperaturas, mas, em alguns casos, o material altera de modo indesejável suas propriedades mecânicas e sua viscosidade. Materiais sólidos **flexíveis e maleáveis** à temperatura normal passam a **ser rígidos** e **quebradiços** perante baixas temperaturas. Problema semelhante pode ocorrer nos líquidos que, se não se solidificarem, certamente se tornam **mais viscosos**, alterando as suas propriedades **de condutividade térmica**, apesar de **aumentarem**, assim, sua capacidade de troca de calor. Esses aspectos não devem ser esquecidos quando da construção de equipamentos destinados a operar em baixas temperaturas.

3 • CONDUTIVIDADE TÉRMICA

Essa propriedade é particularmente importante, se atentarmos para o fato de que todo condutor é envolto por material isolante, e que em todo condutor alimentado ocorrem **aquecimentos** por perdas Joule, que precisam ser trocadas com o ambiente, passando, assim, **através** do material isolante até atingir o ar. Exceções a essa regra são apenas cabos e barramentos nus, que transmitem suas perdas **diretamente ao ar**.

Por outro lado, isolantes elétricos são, via de regra, também **maus condutores de calor**, o que traz como consequência um confinamento ou, pelo menos, um retardamento da **transmissão** de calor, com consequente **elevação** de temperatura internamente ao condutor e ao isolamento. Acresce-se a esse calor proveniente das perdas Joule ainda aquecimentos resultantes do trabalho **consumido na polarização** do dielétrico, calor esse que também precisa ser dissipado. Caso esse calor ou a soma dessas calorias não seja trocada adequadamente, poderemos ter **a ruptura térmica** do material, já antes analisada.

A determinação da condutividade ou da resistividade térmica tem seu análogo no valor da condutividade ou resistividade elétrica. A equação que determina a **condutividade de calor** através de um corpo com resistência térmica R_w, perante uma diferença de temperatura Δt, é dada por

$$p = \frac{\Delta t}{R_w},$$

que é a **lei de Ohm** térmica. Nessa equação, p é o fluxo de calor (equivalente ao fluxo de corrente), o gradiente de temperatura, Δt (corresponde à queda de tensão ΔU), e a resistência térmica, R_w (correspondente à resistência elétrica R). A unidade de p é o watt, e a de Δt, o grau centígrado. R resulta medido em °C/W. Ainda analogamente, teríamos a equação

$$R_w = \delta_w \frac{h}{S},$$

em que:

δ_w é a resistividade térmica;

h, o comprimento do circuito térmico; e

S, a seção transversal do corpo de prova.

Os valores numéricos de R_w são bem mais elevados que os de R (dos metais). Os valores de resistividade δ_w são os mais elevados nos materiais **porosos** com inclusões gasosas. Seus valores se reduzem em função de **impregnação** e **absorção de umidade**; ainda é observação geral que isolantes cristalinos apresentam **menor** resistividade térmica do que os **amorfos**. A resistência térmica varia levemente com a temperatura, reduzindo-se um pouco com **elevação de temperatura**.

Capítulo 4

Propriedades físico-químicas

1 • DENSIDADE E POROSIDADE

A densidade expressa o **grau de compactação** de um material, razão pela qual é indicado em gramas por centímetro cúbico. A **porosidade** é, de certo modo, o oposto do conceito anterior, pois neste indica-se uma **densidade aparente** como sendo a relação entre a **massa** de um corpo em relação ao **seu volume total** (incluindo o volume dos poros). A unidade de medida é evidentemente a mesma, como a do corpo compacto.

Designando por M a massa do corpo, por V, o seu volume total, por V_p, o volume dos poros, por δ_1, a densidade do corpo compacto e por δ, a densidade dos poros, teremos a relação

$$\delta = \frac{M}{V - V_p} \text{ e } \delta_1 = \frac{M}{V}.$$

A porosidade de um corpo é obtido da relação:

$$P = \frac{V_p}{V}.$$

Dois são os tipos de porosidade que se apresentam: o **aberto** e o **fechado**. Porosidade aberta é o caso em que os poros têm acesso **externo**, enquanto a porosidade se diz fechada quando está totalmente **encapsulada** pelo material. Esses dois tipos, representados na Figura 4.1, influem de modo bem diverso eletricamente. Nos poros abertos, podemos ter a fixação de elementos **não** isolantes, e no caso de **capilaridade**, a penetração desses elementos no interior do material, facilitando as **descargas elétricas**. No caso da porosidade fechada, esse problema não existe, mas pode ocorrer outro, que é o da **ionização do ar** interno ao poro (ou se for de tamanho maior chamado de **bolsa**), devido à ação do campo elétrico. Essa **ionização** pode levar a criar **oxigênio nascente** (O_3), que, por ser altamente corrosivo, poderá atacar o isolamento que o envolve. Esse é um problema particular de alguns **plásticos**, sensíveis à ação da **ozona**, apresentando, porém, problemas técnicos apenas em classes de tensão acima de 5 kV.

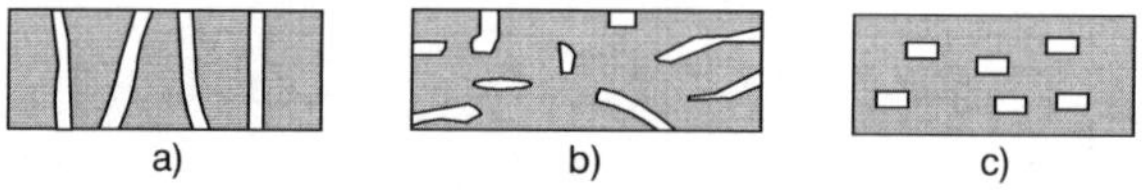

Figura 4.1 • Porosidade aberta e fechada. a) e b) aberta; c) fechada.

2 • SOLVENTES E SOLUBILIDADE

Quando do emprego de materiais isolantes **compostos**, é muito comum encontrarmos certos isolantes em forma **líquida** para **impregnação**, obtidos pelo emprego de um **solvente** sobre um isolante sólido. Esse **solvente** poderá atacar outros isolantes ou partes que o dielétrico envolve, razão pela qual é necessária a pesquisa para verificar a **compatibilidade** entre os materiais usados.

Dentro dessa situação, existem numerosos casos em que um fio vem recoberto por um verniz, que, quando aplicado, constava de uma **resina com solvente**. Pelo processo de **secagem do fio**, o solvente foi eliminado. Posteriormente, com este **mesmo fio envernizado**, foi feito um **enrolamento**, que foi impregnado com certo verniz com solvente. Neste ponto é importante ter-se a **certeza** que o **novo verniz não está usando o mesmo solvente** anteriormente **eliminado** na primeira secagem, pois, se este for o caso, o enrolamento pode ter seu verniz original **amolecido** e **diluído** e as espiras do enrolamento podem entrar em **curto circuito**.

A solubilidade pode ser verificada com certa facilidade, efetuando-se os testes específicos que constatam se o **verniz se dissove** com o primeiro dos solventes usados.

A solubilidade de isolantes sólidos nos líquidos se baseia em análises químicas de fácil entendimento. Todos os corpos sólidos se dissolvem **mais facilmente** naqueles líquidos cujas moléculas são de **mesma origem** do sólido considerado. Assim, sólidos polares se dissolvem mais facilmente em líquidos polares, e assim por diante. A solubilidade é também influenciada positivamente **pela elevação de temperatura**.

3 • ESTABILIDADE QUÍMICA

Como **capa ou camada envolvente** do condutor, o isolante fica praticamente sempre sujeito **às características químicas** do ambiente, representados pelo ar, água, ácidos, sais, bases etc. Assim, quando da opção por um certo isolante, além da sua escolha e dimensionamento elétrico, mecânico e térmico, o aspecto químico **não pode ser deixado de lado**. Uma escolha inadequada nesse sentido pode levar à danificação ou mesmo destruição do **isolamento** e à consequente **eliminação** de suas funções elétricas, **expondo** partes condutoras e colocando em perigo a instalação.

Por essa razão, os fabricantes de material elétrico informam o comportamento dos materiais usados perante as condições mais comumente encontradas em **serviço**, para permitir ao **usuário** uma escolha adequada.

4 • A DISTRIBUIÇÃO DO CAMPO ELÉTRICO EM FUNÇÃO DA CONSTANTE DIELÉTRICA

Conforme já se observou anteriormente, os dielétricos ficam sempre sujeitos, em serviço, à ação de campos elétricos, mais ou menos intensos, que se distribuem de **modo homogêneo** em materiais **homogêneos**. São, entretanto, muito frequentes os casos em que o uso recomenda **isolantes compostos**, particularmente fibras impregnadas, ou senão isolantes que apresentam **bolsas de ar internas**, que não fogem à regra dos isolamentos compostos porque, via de regra, **o ar incluso** também é **isolante**, em princípio. Surgem, nesses casos, as perguntas: de que modo o campo elétrico aplicado se **distribuirá** nesse isolamento **composto**, quais os **fatores** que determinarão essa distribuição, e qual será a **consequência** desse fato?

Podemos, em princípio, afirmar que, mesmo sendo o isolamento composto de mais de um material, o campo elétrico aplicado se distribuirá **uniformemente** se as **constantes dielétricas** de todos os materiais presentes tiverem o **mesmo valor**. Essa situação, porém, dificilmente ocorre, já que é praticamente impossível se encontrar dois materiais de **mesma** constante dielétrica, e que, simultaneamente, ainda apresentem outras características (estado físico, temperatura limite, capacidade de associação etc.), **adequadas** ao uso. Assim, é bem mais provável ter-se o uso de isolamentos compostos, formados de materiais **com diferentes valores de** ε. Nesse caso, **em meio heterogêneo**, o campo elétrico E se distribuirá também **heterogeneamente**, concentrando-se mais nos materiais de **menor** constante dielétrica. **Maior** concentração de campo significa **maior** solicitação dielétrica e a necessidade de **maior** rigidez dielétrica dessa porção do material. Há casos frequentes, entretanto, em que, devido às próprias condições de fabricação, **gases** ficam retidos em isolamentos **sólidos**. Ora, os gases têm, geralmente, **menor** valor de rigidez dielétrica que os sólidos, apresentando-se nestes, por conseguinte, **maior** concentração de campo elétrico. Mas, por outro lado, a rigidez dielétrica dos gases é, também geralmente, **menor** que a dos sólidos, de modo que, num tal volume de gás, se **concentra** o campo em um **meio menos** isolante. Essa sobressolicitação de campo pode levar à **decomposição** do dielétrico mais fraco, ao aparecimento de **descargas internas** e mesmo decomposição do gás. Se esse gás for o ar, da decomposição surgirão **íons** e **oxigênio nascente** (O_3), que é altamente **agressivo** e atuará no sentido de **destruir** o isolamento sólido envolvente do gás. Esse processo de deterioração do isolamento é um dos **principais problemas** em equipamentos e acessórios elétricos onde se usa isolamento **plástico**, o qual é bastante sensível ao oxigênio nascente. Nesses casos, providências visando reduzir a probabilidade da existência de bolsas são tomadas, permitindo, assim, o uso desses materiais em alta-tensão.

Capítulo 5

Materiais isolantes de uso industrial mais frequentes

Os materiais isolantes mais encontrados obedecem evidentemente ao avanço tecnológico da época em que são relacionados. É, sem dúvida, a área dos materiais isolantes a que mais desenvolvimento apresentou, destacando-se, atualmente, um grande número de produtos e de permanentes novidades de aplicação.

Trata-se, assim, de uma parte de difícil redação, em termos de atualidade profissional. De qualquer modo, analisaremos aqueles de mais importante uso atual, sem excetuar produtos novos que venham a substituí-los, com vantagem. De qualquer modo, tendo-se adquirido na parte conceitual uma informação sólida do comportamento dos materiais e **dos fatores a serem observados**, teremos sempre a resposta ao "por quê" de uma certa matéria-prima substituir outras.

Fato significativo também é que nenhum material é superior a todos em **todos** os sentidos. Portanto, mesmo no aparecimento de novos produtos, estes geralmente também apresentam **certos pontos negativos**, em relação aos que estão substituindo.

Cabe ao técnico ou ao engenheiro analisar e chegar a uma conclusão quanto à conveniência ou não de se usar um ou outro produto.

Vamos iniciar nossa análise pelos isolantes gasosos, passando aos líquidos, aos plásticos e aos sólidos.

1 • ISOLANTES GASOSOS

O isolante gasoso de maior uso é, sem dúvida, o ar, excetuando-se algumas aplicações de gases especiais, notadamente o SF6, **hexafluoreto de enxofre**.

O ar, como isolante, é amplamente usado entre todos os **condutores sem isolamento sólido** ou **líquido**, como, por exemplo, nas redes elétricas de transmissão e eventualmente de distribuição, onde os condutores são fixados a certa altura através de cruzetas, ou de braços, os quais, fixos a postes ou torres, são equipados com isoladores (de porcelana, vidro ou resina com borracha). **Entre** esses condutores nus, o isolamento é somente o ar, de tal modo que o afastamento entre os fios ou cabos é, entre **outros fatores**, consequência da **rigidez dielétrica do ar**. Esse valor varia acentuadamente com as condições de **umidade**, **impurezas** e **temperatura**. Seu valor a seco e limpo, a 20 °C, é de 45kV/mm; decresce, entretanto, rapidamente, a 3 kV/mm, sob ação da **umidade**, de contaminações provenientes de **poluição**, da **pressão** atmosférica e da **elevação** de temperatura, fatores normais no ambiente externo, e, consequentemente, esse valor precisa ser considerado nos projetos.

O afastamento entre condutores não é, porém, apenas função das características elétricas, mas também das mecânicas e de agentes, tais como ventos e outros, que vão determinar, em conjunto, a menor distância entre dois cabos.

Outro gás de uso bastante recente é o já mencionado **hexafluoreto de enxofre**, cujas características são as da Tabela 5.1.

Tabela 5.1 • Características do hexafluoreto de enxofre (SF_6)
Peso molecular: 146,05
Condutividade térmica à pressão atmosférica: 1,4 W/cmK a 40 °C
Capacidade de ruptura: 100A à 101 325 Pa de pressão
Fator de perdas: $tg\ \delta < 10^{-3}$ a – 50 °C $tg\ \delta < 2 \times 10^{-7}$ a 25 °C
Tensão de ruptura: 125kV a 2×10^5 Pa de pressão com afastamento de 10 mm.

2 • ISOLANTES LÍQUIDOS

Os isolantes líquidos atuam geralmente em duas áreas, ou seja, a refrigeração e a isolação. Seu efeito refrigerante é o de retirar o calor gerado internamente ao elemento condutor, transferindo-o aos radiadores de calor, mantendo, assim, dentro de níveis **admissíveis**, o aquecimento do equipamento.

No uso diário destacam-se os isolantes líquidos enunciados a seguir.

3 • O ÓLEO MINERAL

Obtenção: obtém-se o óleo mineral a partir do **petróleo** e, eventualmente, também de outros produtos sedimentares, sendo constituído basicamente de misturas de **hidrocarbonatos**, **gorduras** e **outras deposições**. Seu cheiro é desagradável, de coloração preto-azulada ou marrom, com uma composição dependente do local em que é extraído. Fundamentalmente se **compõe** de:

- metana ou óleos parafinados do qual se extrai 3 a 8% de parafina sólida;
- nafta;
- mistura dos dois anteriores.

O petróleo é **decomposto** *(cracking),* por destilação, em diversos **subprodutos**, de acordo com o grau de aquecimento. De 40 a 150 °C, resulta a benzina; de 150 a 300 °C, **os óleos leves** e **combustíveis**; de 300 a 350 °C, **o óleo diesel**; e, acima de 350 °C, os **óleos para aquecimento**, a matéria-prima **para óleos lubrificantes**, e **óleos isolantes**, permanecendo como resíduo o **asfalto**. Uma vez obtido o subproduto, é feita o refino ou purificação, o que vale em particular para os óleos lubrificantes e **óleos isolantes**, em que devem ser eliminados **hidrocarbonatos não saturados**, que são os focos de formação de subprodutos **contaminadores**, além de **ácidos** e **impurezas** contendo enxofre e outros. Os **solventes** usados na purificação são, sobretudo, o **dióxido de enxofre**, SO_2, o **benzol**, o **ferro**, e o **nitrobenzol**. Obtém-se, assim, um produto purificado e um resíduo ou extrato. Esse último é usado como óleo combustível para aquecimento ou é transformado **em gasolina** pelo processo de *cracking*. Nessa purificação, atentar particularmente para a **eliminação** dos resíduos e **ligações de enxofre**, pois este ataca metais e materiais isolantes. **Óleos parafinados** são **purificados** para eliminar a parafina, porque esta torna-se **cristalina** a baixas temperaturas. Para tanto, o óleo é dissolvido num **solvente apropriado** (benzol, toluol, ou SO_2 líquido), eliminando a parafina por **esfriamento**, enquanto o óleo permanece líquido, seguindo-se **uma centrifugação e filtragem**. O produto daí resultante é classificado segundo sua **viscosidade, ponto de chama, características elétricas** etc., dando origem aos óleos leves e pesados para máquinas, óleos lubrificantes, óleos isolantes etc. A **viscosidade** depende acentuadamente da **temperatura**.

Características

Ponto de chama: aquecendo-se o óleo gradativamente até temperaturas mais elevadas, começam a aparecer **vapores**. Por ponto de chama se caracteriza uma certa temperatura, à qual **os vapores formam uma chama** se desses vapores **aproximarmos** uma chama. A chama formada nos vapores, porém, se extingue **imediatamente** após o afastamento da chama de ignição.

Ponto de queima: esse é um ponto térmico **superior** ao anterior, no qual a chama já **não** se extingue mais, **após** afastada a chama de ignição. Seu valor costuma ser 30 a **50 °C superior** ao **ponto de chama**.

Ponto de ignição: é o valor de temperatura, no qual os vapores se incandescem **por si mesmos**.

Ponto de solidificação: é o valor de temperatura em que o óleo **deixa** de escorrer sob a ação do seu peso próprio, tornando-se **denso**. O ponto de solidificação é um valor característico a baixas temperaturas.

Viscosidade: entende-se por viscosidade a **resistência existente** entre duas camadas adjacentes de um líquido. O uso dos óleos para determinadas **aplicações técnicas** depende acentuadamente do seu valor de viscosidade. Assim, devem ser **pouco** viscosos os óleos destinados a máquinas leves e de alta velocidade, bem como os **óleos** para **transformadores e dispositivos de comando** (disjuntores, interruptores). Já em equipamentos que trabalham **com pressões elevadas**, é necessário o uso de óleos **pesados** (ou de maior viscosidade). Óleos para máquinas de refrigeração e óleos isolantes, usados em equipamentos ao ar livre, precisam ainda **ter adequada** viscosidade quando **da queda** da temperatura ambiente.

A unidade que mede a viscosidade dinâmica (n) é o pascal · segundo ($P_a \cdot s$).

A determinação da viscosidade dinâmica é feita frequentemente com o **viscosímetro de Hoeppler**, que permite grande precisão, e que mede o tempo gasto por esferas padronizadas de densidade conhecida para atravessar determinada coluna de líquido, permitindo realizar o seguinte cálculo:

$$n = t\left(d_k - d_F\right)K.$$

onde:

t é o tempo de queda;

d_k, a densidade da esfera;

d_F, a densidade do líquido à temperatura de ensaio;

K, a constante da esfera.

Como a viscosidade depende acentuadamente da temperatura, seu **valor** é determinado perante diversos **valores térmicos**. Dos valores assim obtidos pode-se traçar a curva característica de viscosidade = f (temperatura), que é um **dado importante** para efeito de projeto.

Coeficiente de acidez e de neutralização

É a medida para **ácidos orgânicos livres**, existentes no óleo, indicando a quantidade de KOH por miligrama (mg) que é necessária para **neutralizar** a acidez de 1 g de óleo.

Coeficiente de saponificação

Indica a quantidade de KOH (em mg) necessária para **eliminar ácidos e ésteres livres** ligados a ácidos, para cada grama de óleo (1 g óleo). **O número de saponificação** é uma referência para determinar o **envelhecimento** ocorrido no óleo, ou, senão, pode servir para constatar a existência de **óleos gordurosos** no óleo mineral.

Coeficiente de oxidação

É outro valor indicativo do **envelhecimento**. Seu valor **não** deve ultrapassar 0,1%. O coeficiente de oxidação depende do **regime térmico** em que o óleo vai trabalhar, da ação de metais sobre as características do óleo e de outros agentes.

Os óleos minerais isolantes

Estes óleos são processados através de uma rigorosa **purificação**. Seu uso está concentrado nos transformadores, cabos, capacitores e outros, sendo, porém, em muitas aplicações gradativamente substituídos, face ao desenvolvimento de novos produtos com melhores características. Estes óleos devem ser altamente estáveis, ter baixa viscosidade (ser bastante líquidos), pois, além de sua função dielétrica de impregnação, devem também trocar o calor. Este é um dos problemas típicos de transformadores, onde o óleo transfere para as paredes do **tanque e seus radiadores** o calor gerado nos enrolamentos. Óleos mais **densos** podem não atender a **essas condições**. No caso dos dispositivos de comando, o óleo deve fluir rapidamente entre os **contatos** entreabertos, para **extinguir** rapidamente o **arco voltaico**. Em cabos e capacitores, o óleo deve também fluir com facilidade, para **impregnar** totalmente o papel isolante empregado, deslocando e eliminando, assim, a presença de **água e de bolsas de ar** em produtos **fibrosos**, como é o caso dos papéis. Para esse problema, a tensão superficial do líquido também deve ser suficientemente **baixa**, tensão essa cujo valor depende do grau de purificação. **Quanto maior o grau de purificação, maior a tensão superficial.**

A **viscosidade** recomendada em cada aplicação consta de normas técnicas, devidamente relacionada com a temperatura, sobretudo à temperatura máxima admissível. Assim, o **ponto de chama** varia de **130 a 145** °C.

No caso de óleo para cabos, distinguem-se os papéis impregnados com óleo (óleos grossos) e os cabos em óleo fluido (O. F.) (óleos finos). A Tabela 5.2 apresenta alguns valores característicos desses óleos.

O **fator de perdas** de bons óleos isolantes, a 20 °C, é de aproximadamente 0,001, dependendo, porém, acentuadamente da temperatura. Para os cabos, o tg δ deve ser **baixo**, para não provocar aquecimento excessivo da isolação do cabo. O mesmo vale para capacitores, cujo óleo a 100 °C não deve ultrapassar 5 x 10^{-3}, com um ρ = 25 x 10^{12} Ω x cm, em estado novo, admitindo uma redução a 1/5 desse valor após um ensaio de envelhecimento de 40 horas.

Ao lado do **fator de perdas** (tg δ), também a **rigidez dielétrica** ou a **tensão de ruptura** obtida em um equipamento de ensaio padronizado é fatores importante. Esse valor é de aproximadamente 200 kV/cm para **óleos secos** e **novos**, na faixa de temperatura de –40 °C a + 50 °C, destinados a **transformadores**, e de 120 kV/cm para **óleo de disjuntores**. Esses valores, porém, devem ser usados com cuidado, face às influências dos campos elétricos entre **os eletrodos de ensaio**, devido à possível variação de seus **formatos** (planos, esféricos etc.) e que, devido às diferentes **configurações** do campo elétrico, levam a **campos heterogêneos** com número variável de linhas por centímetro quadrado, e, consequentemente, darão **diferentes valores de ruptura, para mesmo** afastamento (ou seja, diferentes valores de rigidez dielétrica).

Tabela 5.2 • Características de óleo para papéis de cabos

Características	Óleo fino	Óleo grosso
Peso específico a 20 °C (g/cm³)	0,86 a 0,88	0,92 a 0,94
Ponto de solidificação (°C)	–30	–5
Ponto de inflamação (°C)	150 a 170	250 a 270
Resistividade (Ω · cm)		
Óleo novo a 100 °C	> 25 x 10^{12}	> 0,5 x 10^{12}
Após 40 horas a 120 °C	> 2,5 x 10^{12}	> 1,7 x 10^{12}
Fator de perdas (tg δ)		
Óleo novo a 100 °C,	≤ 5 x 10^{-3}	≤ 40 x 10^{-3}
Após 40 horas a l20 °C	≤ 30 x 10^{-3}	≤ 70 x 10^{-3}

A **tensão de ruptura** ou a rigidez dielétrica **mínima** varia também com a **classe de tensão** em que o óleo é usado, bem como do **equipamento** onde é empregado.

Valores médios nesse sentido se situam entre 80 kV/cm até 140 kV/cm (na faixa de classes de tensão de 34,5 a 220 kV), para transformadores para redes e transformadores para instrumentos, e com valores de 40 kV/cm a 80 kV/cm (para classes de tensão de 34,5 a 69 kV), para dispositivos de comando.

Quanto às grandezas físicas, elétricas e químicas, consulte a Tabela 5.3.

Tabela 5.3 • Características de materiais isolantes

Material	tg δ x 10^{-4} a 60Hz e 20 °C	Rigidez diel. E_d (kV/mm)	Temperatura limite (°C)	Resistiv. transversal (Ω x cm)	Constante dielétrica ε	Densidade (g/cm³)
Óleo mineral	10	10 a 14	95	25 x 10^{12}	2	0,8 – 0,9
Óleo silicone	2 a 10	10 a 30	–60 a 200	7,9 x 10^{14}	2,1 a 2,8	05, a 1,0
Parafina	1 a 2	20 a 25	70	>10^{16}	1,9 a 2,2	0,8 a 0,9
Goma-laca	100	20 a 30	70	10^{15} a 10^{16}	3,5	1,3 a 1,5
PVC	10 a 10^{-2}	40 a 50	75	10^{13} a 10^{16}	3 a 4	1,2 a 1,4
Polietileno	2 a 5	30	85	10^{16} a 10^{17}	2,3 a 2,4	0,9
Polistirol	3 a 50	25 a 50	50 a 80	10^{14} a 10^{18}	2,5	1,05
Baquelite	100 a 400	20	150	10^{12} a 10^{14}	4 a 4,5	4 a 7
Betume	170	50 a 100	60	10^{10}	2,7	0,9 – 1,1
Papel para capacitores	20 a 30	35	100	10^{18}	3,7	1,5
Papel para cabos	100 a 200	8 a 10	100	10^{16}	3 a 3,5	0,8 a 0,9
Vidro e fibra de vidro	até 100	35 a 50	200 a 250	10^{11} a 10^{17}	5 a 8	2 a 6
Amianto	–	2 a 30	200 a 250	10^{11} a 10^{17}	5 a 8	2 a 6
Mica tipo muscovita	0,5 a 3	50 a 40	500 a 600	10^{15} a 10^{16}	6 a 7	3
Mica tipo Flogopita	0,5 a 5	4 a 40	800 a 1000	10^{13}a 10^{14}	5 a 6	3

O envelhecimento do óleo mineral

No uso de equipamentos possuidores de óleo mineral, uma das providências de rotina é uma **sistemática verificação** da tensão de ruptura ou da rigidez dielétrica, face à constatação de um **envelhecimento** relativamente **rápido** e inaceitável para diversas dessas aplicações. Como resultado, os próprios **sistemas de manutenção** preveem a retirada periódica de **amostras** de óleo e a verificação de suas características isolantes. Nota-se perfeitamente após um período, por vezes relativamente **curto** (2 a 3 anos), em que o óleo perdeu sensivelmente suas propriedades isolantes, reduzindo, por exemplo, em algumas vezes, sua **rigidez dielétrica**. Dependendo do valor obtido, é necessário aplicar processos de **purificação** ou **filtragem** ou, em caso extremo, fazer a substituição do óleo envelhecido por outro **novo**.

Para reduzir a velocidade do envelhecimento, são usados **inibidores de envelhecimento**, cujo emprego, porém, é assunto discutível, devido a certos **riscos** que daí decorrem, sobretudo pelo ataque sofrido por outros componentes do equipamento, devido à **ação do inibidor**, ou senão, devido **à inconveniência** de seu preço.

Surge, portanto, a necessidade de se estudarem quais os **agentes de envelhecimento** e, assim, serem tomadas providências para atenuar sua velocidade de **formação** de elementos contaminadores ou para proceder à **eliminação periódica** dos mesmos.

A *oxidação* do óleo é um dos fatores que sempre estão presentes, e que se fazem sentir devido à presença do **oxigênio do ar** e da **elevação de temperatura**. Apesar de que uma refinação cuidadosa elimina todas as matérias que facilmente se modificam, a oxidação por **via catalítica** pode aparecer no equipamento, devido à presença do **cobre**.

Em grau menor, a **luz do dia** pode atuar no **mesmo sentido**, razão pela qual o óleo deve ficar protegido dos raios de luz. O tipo de cadeia de carbono que está presente no óleo também tem sua influência: certas ligações de cadeias de carbono se oxidam com maior facilidade. Como resultado, aparecem **diversos ácidos orgânicos**, além **de água** e **materiais voláteis**. Sob a ação do **campo elétrico** ou perante **descargas internas**, poderão acontecer **decomposições moleculares**, de modo que os subprodutos **ácidos da oxidação** se transformam em matérias com cadeia molecular extensa, devido à **polimerização** ou **policondensação progressiva**. Esses produtos com extensa cadeia molecular não permanecerão mais em solução no óleo, separando-se do mesmo e dando origem às chamadas *lamas*. Essas lamas, que podem ser formadas em qualquer posição do volume de óleo, têm **maior densidade** que o óleo, resultando, daí, a tendência natural de se depositarem no **fundo** do recipiente que contém o óleo. Nesse caminhamento para o fundo, a lama poderá encontrar enrolamentos, núcleo etc., sobre os quais se poderá **depositar**. Nessa ocorrência, resultam os problemas vistos a seguir.

a) **A lama não apresenta boas características dielétricas**. Assim, em contato com o isolamento que recobre os fios do enrolamento, frequentemente isolados com papel, poderá ocorrer uma **absorção da lama** pelo isolamento, formando pontos onde uma **descarga elétrica** pode facilmente aparecer, destruindo o isolamento, colocando em curto-circuito as espiras e, finalmente, **destruindo** o enrolamento.

b) **Sob a ação do calor**, que provém das perdas Joule do enrolamento, calor este **absorvido** pelo óleo **e transferido** à parede do tanque e aos radiadores de calor, a lama se **solidifica**, assumindo uma forma semelhante à do piche, apresentando baixo coeficiente de **transferência do calor**. Prejudicada a liberação do calor do enrolamento e a do recebimento pelo óleo, esse enrolamento **sobreaquecerá**, o que poderá levar rapidamente à **destruição** do isolamento e de todo o equipamento.

Uma parte considerável da lama, porém, se depositará no fundo do **tanque**, onde, através de amostras retiradas periodicamente, podemos constatar o **grau de contaminação** do óleo.

Para efeitos práticos, e baseados nas características inicialmente definidas, constatou-se que um óleo novo não deve apresentar um **coeficiente de acidez superior** a 0,05 mg de KOH por grama, enquanto óleos usados poderão apresentar até 1 mg de KOH por grama. O coeficiente de **saponificação** de óleos novos não deve ultrapassar 0,15, e o de óleos **usados**, de 2,0 mg de KOH por grama.

O início do envelhecimento do óleo é sempre caracterizado pelo **aumento do coeficiente de acidez**, apesar de que o grau de envelhecimento não pode ser avaliado com segurança pelo valor numérico desse coeficiente, pois, os produtos ácidos que se formam sofrem novas transformações, deixando de apresentar, assim, um comportamento ácido.

Além da própria contaminação do óleo e da perda parcial de suas propriedades, é importante analisar também as consequências da acidez do óleo sobre os demais materiais usados no equipamento. **A celulose do papel**, por exemplo, tem a tendência de absorver certos tipos de moléculas remanescentes nas impurezas do óleo, **deslocando** este de **sua impregnação** no papel, ou senão, de ser atacado por certas formações moleculares específicas.

Aliás, esse mesmo problema ocorre ao **incidir água** sobre um papel impregnado com óleo: a água desloca o óleo e, sendo o primeiro um mau isolante, cria **locais de isolação deficiente**. Mas o problema da água ainda será abordado mais adiante.

Além da rigidez dielétrica, outro fator que pode caracterizar o envelhecimento é a **variação do fator de perdas** (tg δ) perante diferentes **frequências**. A Figura 5.1 demonstra tal situação, no caso, perante uma frequência industrial de 60 Hz. Nota-se que, ao longo do tempo (no caso, praticamente três anos), o óleo corretamente purificado não alterou seu tg δ, o mesmo já não acontecendo com os outros dois. Pela configuração das curvas, é possível concluir ainda sobre os tipos de **subprodutos da oxidação** que se apresentaram, e daí escolher a melhor maneira de eliminá-los.

Esse fato é uma consequência da existência de determinados grupos de **átomos polares** por subproduto oxidado. A quantidade das moléculas polares é uma **medida do envelhecimento**. Pode ser determinado pela espessura de um filme de óleo envelhecido, pois essa espessura depende da quantidade das **moléculas polares** presentes, por ocuparem uma posição quando colocadas sobre uma superfície com água. Este é um detalhe que também merece cuidado quando um material é **envelhecido artificialmente**, mediante uma elevação de temperatura **acima** da de serviço. Nesse caso, a orientação das **moléculas polares** não obedece mais àquela própria das condições normais de serviço, levando a conclusões erradas.

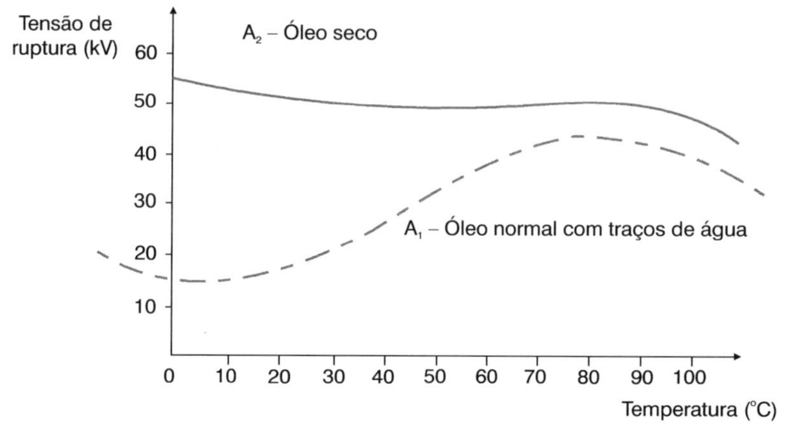

Figura 5.1 • Variação das perdas dielétricas (tg δ) de óleos minerais em função do grau de pureza e do envelhecimento (tempo de uso). O óleo A_2 tem o grau de purificação correto. Frequência de ensaio: 60 HZ.

Os subprodutos da oxidação que se formam em uso, geralmente influem **menos** sobre o valor da rigidez dielétrica do que a presença de certos **gases** ou **água** no óleo.

A **umidade** presente no óleo provém, geralmente, do ar; mesmo porque, no processo de fabricação do equipamento, todos os cuidados são tomados **para eliminar** a umidade, a qual penetra no equipamento em uso devido à variação das **pressões internas**. Isso porque um equipamento ligado se **aquece**, **dilata-se** o óleo e o **ar interno** é expulso do tanque. Quando o equipamento é desligado, ocorre um esfriamento de **todas** as partes, consequente **contração** e **um vácuo relativo** na parte onde o **ar** foi expulso.

Daí, pela diferença entre pressões, a **maior pressão externa** forçará a **entrada** do ar externo, possuidor de certo grau de **umidade**, que vai se **condensar** internamente ao tanque, após o que **escorre** pelas paredes e entra **em contato** com o óleo.

Conforme já vimos anteriormente, os subprodutos de oxidação **reduzem** a **tensão superficial** do óleo, aumentando a capacidade de associação entre **água e óleo**, que assim fica em estado de emulsão dentro do óleo. Essa água, mesmo em pequenas quantidades (o óleo a 60 °C absorve 2% de água), irá influir de **modo negativo** sobre a **rigidez dielétrica** do óleo. Problema semelhante ocorre se o óleo absorve gases, os quais também apresentam características isolantes **inferiores** às dos óleos, podendo levar, assim, a problemas de baixa isolação.

Observa-se, em resumo, que a **deterioração** do óleo mineral pode ocorrer por diversas razões, externas e internas, devidas ao contato do óleo com outros componentes (particularmente metálicos) e com elementos resultantes do ambiente em que o óleo vai operar. De todos estes, resultam subprodutos líquidos, sólidos e, eventualmente, gasosos, que influem **negativamente** sobre o óleo, e que, assim, precisam ser **eliminados**. Surgem daí diversos processos de purificação, a seguir abordados.

Eliminação das impurezas

Representadas pelo conceito de **lamas**, as impurezas sólidas são eliminadas de modo mais simples pelo **filtro-prensa**, formado de uma sequência de **papéis de filtro**, através dos quais o óleo impuro é **pressionado**, ficando retidas neles **as partes sólidas, e, parcialmente, partes líquidas**. Sua representação vem na Figura 5.2.

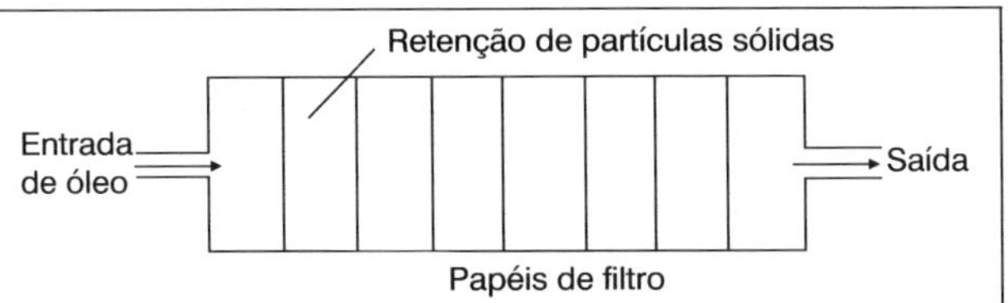

Figura 5.2 • Representação do sistema de purificação pelo filtro-prensa.

Para a mesma finalidade, pode-se também usar **uma centrífuga**, que separa as partes líquidas das sólidas, pela diferença de pesos específicos entre estas.

Entretanto, apesar de efetuarem uma certa eliminação da água, esses dois processos não satisfazem ao **grau de eliminação da água**, exigido para se recuperar a necessária **rigidez dielétrica**. Para tanto, usa-se uma estufa ou câmara à vácuo aquecida a aproximadamente 50-55 °C, temperatura essa em que a água se **separa** do óleo. Uma bomba a vácuo retira o vapor de água que se **separou** do óleo, que assim readquire suas características isolantes. Sua representação é feita na Figura 5.3. Após o tratamento, o óleo é bombeado novamente para dentro do tanque, em circuito fechado, repetindo-se o ciclo até que o **grau de purificação** atinja

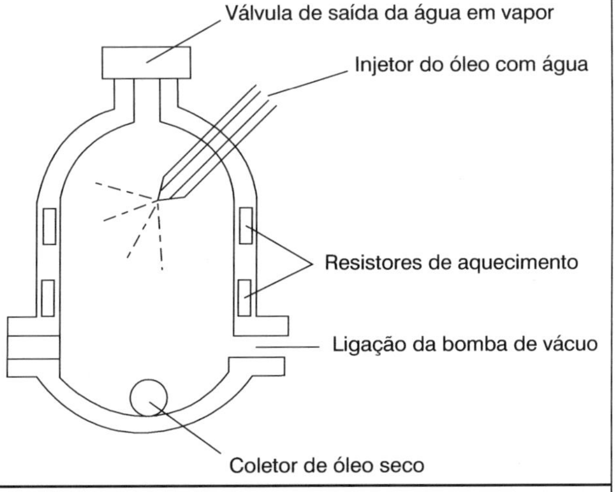

Figura 5.3 • Representação esquemática do sistema de câmara a vácuo.

valores que sejam aceitáveis à ação dielétrica do óleo. **Periodicamente** (de meio em meio ano, por exemplo), ou **automática** e **continuamente** em equipamentos de capital importância dentro de um sistema, esses valores isolantes são **medidos** e feita a **purificação**, se assim for necessário.

Inflamabilidade dos óleos minerais

Outro problema apresentado pelos óleos minerais é a **sua inflamabilidade**, motivada não pelo contato direto com uma chama, mas, sim, devido à **combustão espontânea** quando sobreaquecido, colocando em risco o pessoal e os equipamentos próximos.

Por essa razão, equipamentos que usam óleos minerais dispõem de controladores de temperatura (termômetros com contatos), que, numa **primeira** etapa, ligam um alarme comunicando que o óleo atingiu seu valor máximo admissível. Se nenhuma providência for tomada para reduzir a temperatura (redução de carga, aumento da velocidade de retirada de calor por refrigeração intensa etc.), então, numa **segunda** etapa, é acionado o disjuntor de entrada, que assim desliga o equipamento.

Essas providências, porém, nem sempre são de fácil **aplicação**, razão pela qual **normas de segurança** exigem, por vezes, a substituição do óleo mineral por outros isolantes líquidos de melhores características, mais seguras, quando, então, a escolha recai sobre óleos sintéticos, os quais, entretanto, são de custo bem mais elevado do que o óleo mineral, além de exigirem um recálculo das condições de troca de calor, que envolvem tanto a ação dos radiadores de calor dos invólucros em **efetuar** esta troca de calor quanto o uso de óleos sintéticos, ou mesmo o uso de materiais isolantes sólidos que suportem temperaturas de serviço mais elevadas, e que são mais livres de manutenção, como as resinas sintéticas.

Vamos retornar um instante ao óleo mineral obtido a partir do petróleo, como vimos, e que ainda representa o **dielétrico líquido** consumido em quantidades **maiores**, seja pelas suas **características**, seja pelo seu **custo**, e vamos observar como estas características influenciam o próprio **projeto** de um equipamento .

Para iniciarmos esta análise, façamos a seguinte colocação:

- **Qual o aquecimento que um equipamento deve suportar?**
- **Existe alguma correlação entre este aquecimento, os materiais utilizados e a potência disponível?**

Vamos analisar estas duas perguntas em conjunto;

Vimos, na parte conceitual do item **"Condutores"**, do **volume 1** de Materiais Elétricos, que a potência presente em um equipamento **é função, entre outros fatores, da tensão elétrica e da corrente**, e, daí, função da resistência elétrica dos condutores do equipamento. Sabemos da física, que a resistência é função da temperatura e da seção condutora.

Vamos lembrar também que, em função da corrente e da resistência elétricas, foi definido o conceito de perdas, e, particularmente, das perdas joule, que por sua vez levam a um aquecimento; e este aquecimento precisa ser suportado pelos materiais condutores, isolantes, semicondutores e magnéticos que se apresentam no equipamento; e que, para não haver sobreaquecimento, ou seja, que a temperatura atinja valores mais elevados do que o material pode suportar, é preciso que exsista um sistema de **troca de calor** ou de irradiação deste calor, através de radiadores, pelos quais vai circular o meio líquido que se aquece pela ação das perdas joule. Portanto, a troca de calor entre o **equipamento e o meio exterior** tem de garantir que a troca de calor assegure que a temperatura interna ao equipamento não ulltrapasse o máximo de temperatura que cada um dos materiais presentes pode suportar

Este valor de temperatura é estabelecido por ensaio e publicado pelas normas técnicas da ABNT. Portanto, quanto menor a temperatura permitida, menor o valor das perdas admissíveis, menor a corrente admissível e menor a potência disponível. **Assim, quanto mais elevada a temperatura admissível, maior a corrente admissível e maior a potência disponível**. Ou seja, quanto mais elevada a temperatura que um material suporta, maior a potência disponível, cabendo lembrar que o limite é dado pelo material que suporta a menor das temperaturas admissíveis entre todos os materiais usados naquele equipamento.

4 • ÓLEOS DE SILICONE

Os óleos de silicone (cadeias Si – O – Si associadas a grupos metílicos e fenólicos) são líquidos **incolores** e transparentes com **uma gama bastante ampla** de viscosidades e pontos de ebulição, caracterizando-se por um ponto de chama bastante elevado (300 °C e acima) e baixo ponto de solidificação (–100 °C); como consequência, sua faixa de emprego se situa entre 200 °C e – 60 °C, faixa essa que ainda pode **ser ampliada**, sob certas condições. Mesmo variando a temperatura, a viscosidade **não se modifica** na mesma proporção, tendo de valores bem **menores** que os dos óleos minerais. São também recomendados como **lubrificantes** em máquinas que trabalham a **temperaturas muito altas ou baixas**.

Utilizando-se das características básicas do silício, os silicones permanecem **neutros** perante a grande maioria dos elementos, o que lhes confere uma **elevada estabilidade química** e consequente ausência de **envelhecimento**; ainda apresentam a característica de serem **repelentes** à água, evitando, assim, a **perda** de características isolantes, em serviço. Consulte os valores numéricos das características elétricas, térmicas e químicas na Tabela 5.3.

Em áreas paralelas, **graxas e óleos de silicone** são preferidos como elementos de separação entre a massa de um molde e o molde propriamente dito, nas aplicações de injeção em plástico.

Silicones líquidos encontram ainda extensa aplicação em numerosos processos e produtos industriais, tais como acréscimos de tintas e vernizes, lubrificantes e outros. São **solúveis** em benzol, toluol, éter e alcóois de grau superior, sendo **insolúveis** em óleos minerais e alcóois de grau inferior. O preço do óleo de silicone é, comparativamente, **muito alto** em relação ao óleo mineral.

5 • MÉTODOS DE APLICAÇÃO DE DIELÉTRICOS LÍQUIDOS

Pelo exposto, todos os dielétricos líquidos se destinam a **assegurar**, de modo mais completo, as características **isolantes** de dielétricos sólidos da família dos **porosos e fibrosos**, os quais, caso contrário, seriam contaminados pela penetração em seu interior **de umidade, gases** e **vapores**, e mesmo depósitos **pastosos** e sólidos de baixas características isolantes.

Entretanto, a estocagem desses materiais fibrosos e porosos, o seu manuseio e as condições **contaminantes** do ambiente em que se processa a fabricação de aparelhos e equipamentos elétricos utilizadores destas matérias-primas criam a **exigência normalizada** de que, **antes** de se efetuar uma impregnação, sejam eliminadas em grau suficiente ao bom desempenho isolante, **todos os agentes contaminadores**.

Tomados os devidos cuidados na construção, e podendo-se evitar contaminações por parte de agentes condutores **suspensos no ar**, não se atinge, porém, uma proteção contra a penetração e fixação de **umidade**, pois esta está no próprio ar. Assim, após a obtenção de **componentes completos**, como, por exemplo, dos enrolamentos de transformadores e motores, é processada **a secagem** destes em **estufas**, a temperaturas e condições de pressão adequadas, quando então a água presente nos enrolamentos é eliminada. Passo seguinte é **injetar** sobre esses enrolamentos, **óleo, resinas ou outro dielétrico líquido**, que assim penetra profundamente na matéria-prima e evita ou dificulta penetrações de **água** e, consequentemente, evita a perda de importante parcela de suas **propriedades isolantes**.

Temperatura e tempo de secagem são funções do **volume** de material dielétrico sólido a ser secado, bem como da **classificação térmica normalizada** desse material. Quanto mais alta a temperatura limite do dielétrico sólido, **melhor e mais rápida** pode ser feita a secagem.

A Figura 5.4 apresenta a sequência normal de **secagem e impregnação** de componentes, cabendo observar que o método apresentado, válido para dielétricos líquidos, é basicamente o mesmo que o usado na sua primeira fase para massas de impregnação ou vernizes dielétricos líquidos.

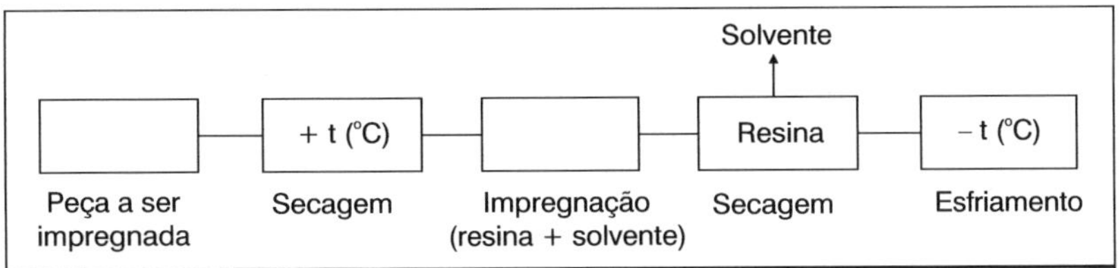

Figura 5.4 • Fases de impregnação e secagem de um dielétrico com verniz normal.

NOTA: Apesar de ser proibido o uso de Askaréis, queremos deixar um alerta quando do manuseio deste isolante sintético à base de cloro, devido aos extremos cuidados que precisamos ter, quando do contato com este líquido.

Capítulo 6

Isolantes pastosos e ceras

As **pastas ou ceras** utilizadas eletricamente se caracterizam por um baixo **ponto de fusão**, podendo ter uma estrutura cristalina, **baixa** resistência mecânica e baixa higroscopia. Distinguem-se os tipos dados a seguir.

1) **Ceras propriamente ditas**: são materiais fracamente polares, de estrutura química complexa. Como principais exemplos, podemos citar cera de abelha, cera de carnaúba e de outras. O seu uso industrial é bastante reduzido.
2) **Matérias-primas pastosas não polares**. Apresentam **baixa** constante dielétrica e **alta** resistividade elétrica. Exemplo, parafina na forma natural ou sintética.
3) **Matérias-primas pastosas polares**: são, em geral, produtos sintéticos de constante dielétrica **mais elevada** do que a anterior, **com menor** resistividade elétrica.

Vejamos uma análise mais detalhada dos isolantes desse tipo, de maior uso.

1 • PARAFINA

É um material pastoso não polar mais usado e mais barato. É obtido de uma das fases de **decomposição do petróleo**, com elevado teor de metana, através de uma **destilação** adequada. Após o esfriamento desse destilado, a pasta de parafina se separa do volume restante de material; a parafina assim obtida passa **por processo de purificação** subsequente, para eliminar restos de **óleo** e de materiais **residuais de fácil oxidação**. Uma parafina de boa qualidade se apresenta com os valores numéricos da Tabela 5.3, com aparência branca, **livre de ácidos**, **de bolhas** e de outras impurezas. A constante dielétrica (ε) se **reduz** com **elevação** de temperatura, mudando bruscamente seu valor quando passa do estado **sólido** ao **líquido**. **É altamente** anti-higroscópico ou **repelente** à água, o que mantém **elevada** sua rigidez dielétrica, sua resistividade superficial e sua resistividade transversal, e assim o recomenda como material de **recobrimento** de outros isolantes.

A **baixa** estabilidade térmica – veja seu ponto de fusão na tabela – representa **vantagem e desvantagem**. Se, de um lado, esse valor demonstra a **facilidade** de obter sua liquefação na hora de aplicar como **impregnante**, por outro lado **limita** seu uso para os casos em que o nível de aquecimento do componente se mantém **baixo** em serviço. Esse último caso praticamente só ocorre na área das **baixas** perdas Joule devido às **baixas** correntes circulantes, situação encontrada particularmente nos **componentes eletrônicos**. Assim, a importante característica de repelência à água, muito procurada para componentes elétricos usados ao ar livre, **não pode ser** satisfatoriamente resolvida com a parafina. Conforme veremos mais adiante, esse problema é resolvido atualmente apenas pelas **ceras de silicone**.

A parafina pode ser aplicada, para efeito de impregnação e recobrimento, das duas maneiras vistas a seguir.

1) **Aquecendo a parafina a cerca de 100 °C**. Nesse caso, o componente a ser impregnado deve ter sofrido uma secagem preliminar, tal como se procede quando se aplica o óleo, geralmente em câmara a vácuo. Após a secagem, aplica-se a parafina, que aí se encontra a 100 °C aproximadamente.
2) **Aquecendo a parafina até 180 °C**. Nesse caso, perante pressão atmosférica normal, a eliminação da umidade é obtida pela própria temperatura em que se encontra a parafina que, simultaneamente com a sua evaporação, traz a penetração do isolante.

Comparando os dois processos, alcançaremos valores elétricos aproximadamente idênticos, com uma pequena vantagem para o primeiro. A parafina é **solúvel** em óleos minerais, gasolina e benzol, mas não **sofre a influência** da água e de alcoóis.

A parafina pode também ser obtida **artificialmente**, dando como origem a **parafina sintética**, que é de elevado número molecular e é obtido da gasolina e do óleo mineral. Seu ponto de fusão é mais elevado, variando entre 100 e 130 °C, apresentando propriedades elétricas semelhantes ao da parafina normal.

2 • PASTA DE SILICONE

Com uma estrutura molecular semelhante à dos óleos de silicone, e guardando também basicamente as mesmas propriedades, as pastas de silicone são usadas mais com finalidades lubrificantes do que elétricas, quando frequentemente recebem o **acréscimo de pó de grafita** para melhorar suas características antifricção. São usadas, eletricamente, para proteção de partes onde se deve reduzir a oxidação, tal como nas peças de contato, em articulações condutoras e outras, e também são usadas como pastas de recobrimento de partes isolantes expostas que devem manter elevada resistividade superficial. Neste último caso, prevalece a característica da pasta de silicone de ser repelente à água.

3 • RESINAS E VERNIZES

Um verniz é aplicado na forma **líquida**, e se solidifica durante a sua aplicação, passando ao estado **sólido em sua fase final**. Assim, o verniz **não é** propriamente um isolante líquido, apesar de ser adquirido nesse estado físico. Um verniz é constituído de um **solvente** e uma matéria-prima capaz de formar uma película, um filme, geralmente representado por uma *resina*. Quando o solvente é aplicado a uma resina, ocorre uma penetração das moléculas do solvente na resina, quando se efetua a dissolução desta, que permanece no estado líquido até que se aplique esta mistura.

Ocorre, portanto, um **envolvimento** das moléculas da **resina** pelas do **solvente**, dando maior mobilidade devido a um **"afofamento molecular"**.

Define-se resina como sendo uma familia bastante grande e sempre ampliada de matérias-primas que, apesar de **origens** e **composição química** e diferenes, possuem características físicas semelhantes. São misturas estruturalmente complexas, de elevado número molecular e elevado grau de polimerização. Perante baixas temperaturas, as resinas são massas vitrificadas, amorfas. A maioria das resinas se apresenta quebradiça à temperatura ambiente, dependendo da espessura da camada em que se encontram. Em camadas **finas** se tornam **flexíveis**. Quando aquecidas, amolecem e se tornam plásticas podendo chegar ao estado líquido. Geralmente as resinas não possuem um **ponto de fusão bem definido**.

As resinas são classificadas em *naturais* e *sintéticas*.

Resinas naturais são de origem animal (como a goma-laca) ou vegetal (Kopal). São obtidas na forma final, bastando-lhes aplicar um processo relativamente simples de **purificação**.

Já as **resinas sintéticas**, em número maior e sempre crescente, são obtidas por complexos processos químicos, reunindo diversas matérias-primas. Dentro desse grupo se destacam as **resinas polimerizadas, as condensadas** e as à **base de celulose**. No caso das resinas polimerizadas, procede-se a um agrupamento de materiais de **baixo peso molecular**, que assim originam uma estrutura **macromolecular**, onde o polímero tem a mesma estrutura molecular como o monômero. As resinas condensadas são resultantes da policondensação, que é um processo de crescimento no qual ocorre a eliminação de materiais elementares. As resinas sintéticas podem também resultar de um processamento industrial da celulose e suas ligações com ésteres e éteres, formando cadeias de **elevado peso molecular**.

Destacam-se, no grupo das resinas polimerizadas, os etilenos, $H_2C = CH_2$, e seus derivados, tais como o polietileno, o polistirol, o cloreto de polivinila. Já no grupo das resinas condensadas, bastante numerosas, temos, como exemplo, o grupo dos fenol-formaldeídos, obtido da associação do fenol $C_6H_5 \cdot OH$ com o formaldeído $H - CH = O$ ou com outros aldeídos. Ainda pertencem ao grupo dos condensados a resina gliptal, o poliamido e outros.

No grupo das resinas à base de celulose, destacam-se a nitrocelulose, a acetilcelulose, a etilcelulose e outras.

As resinas podem ainda ser classificadas em **termofixas** (termoestáveis) ou **termoplásticas**. Essa classificação se baseia na produção fundamental de **plásticos**, em que a resina, ao lado de outras matérias-primas, é aquecida até sua plastificação, estado em que é colocada em moldes que lhe conferem a forma final de uso, sendo posteriormente esfriada até a temperatura ambiente, na qual se apresenta sólida. Ambos os tipos, os termofixos e os termoplásticos, têm, até esse ponto, comportamento geral parecido.

Se agora, após a **solidificação**, aplicarmos novamente **a temperatura de plastificação** a ambas as resinas, vamos notar que a resina termoplástica novamente amolece, enquanto a **termofixa** se mantém **sólida**. Continuando o aquecimento da termofixa, atingiremos uma mudança do seu estado apenas a temperaturas bem mais elevadas, nas quais **carboniza** sem amolecer.

Em relação às famílias de resinas antes mencionadas, vamos notar que uma grande parte das resinas polimerizadas pertence **aos termoplásticos**, enquanto as condensadas podem tanto **ser termofixas** quanto **termoplásticas**. As que têm origem na celulose **são termoplásticas**. Vejamos algumas características predominantes em resinas de maior uso, devendo-se destacar, porém, a frequente substituição de resinas que se observa na moderna tecnologia. Continuamente novas resinas, particularmente sintéticas, são oferecidas ao consumo, razão pela qual, com os exemplos que serão analisados a seguir, não se pretende mais do que mencionar algumas **das resinas mais usadas atualmente**.

4 • RESINAS NATURAIS

Apesar de terem sido usadas com bons resultados durante muito tempo, é cada vez **menor** o uso destas, devido às melhores características apresentadas pelas de origem **sintética**. Entre as naturais, podemos destacar as duas que se seguem.

Goma-laca

É uma resina de origem animal, que se apresenta como resíduo de **insetos tropicais** sobre os galhos de árvores. A goma-laca, após ser recolhida dos galhos, é **purificada** mediante **fusão** e **filtragem**. Em estado sólido, se apresenta em forma de pequenas lâminas (lamelas), bastante quebradiças e com coloração amarela, avermelhada ou marrom. A principal parte da goma-laca é constituída **de ácidos orgânicos** de estrutura complexa; é facilmente **solúvel** em álcool e apresenta as características indicadas na Tabela 5.3.

A goma-laca se caracteriza por uma grande **aderência** a outros isolamentos, notadamente a **mica**, o **vidro**, a **madeira** e **certos metais**. Amolece a 50-60 °C, tornando-se líquida se a temperatura for elevada ainda mais. Se a **temperatura elevada** ficar aplicada por um tempo **longo**, a goma-laca se torna rígida e insolúvel.

Quanto **maior** a temperatura, tanto **menor** o tempo para o endurecimento. Assim, a goma-laca pertence ao grupo dos **termofixos**.

Copal

É uma resina de origem vegetal, obtida de certas árvores. Possui **elevado** ponto de fusão. A **baixas** temperaturas, apresenta um brilho característico, é de **elevada** dureza e se **dissolve** com dificuldade. Os copais são utilizados como **aditivos** de outras resinas, para torná-las mais rígidas, sobretudo quando estas são de **cobertura**. Seus valores elétricos estão relacionados na Tabela 5.3.

5 • RESINAS SINTÉTICAS POLIMERIZADAS

O radical químico básico das resinas sintéticas é o **etileno** (C_2H_4), na forma $H_2C = CH_2$, formando polímeros de **cadeias lineares**. Possuem derivados com comportamento polar e não polar. Entre os polares se destaca o policloreto de vinila (PVC), de amplo uso na área dos isolamentos de condutores elétricos. No grupo dos não polares, alguns exemplos são o **polietileno**, o **poliisobutileno**, o **polistirol** e o **politetrafluoretileno**. Têm uso generalizado em equipamentos e materiais de baixa, média e alta tensão.

Vejamos detalhes de suas características.

PVC – policloreto de vinila

É o resultado da polimerização do **cloreto de vinila** $Cl - CH = CH_2$, que é um derivado do etileno, em cuja molécula se processou a substituição de um átomo de hidrogênio por um de cloro. Sua estrutura química é:

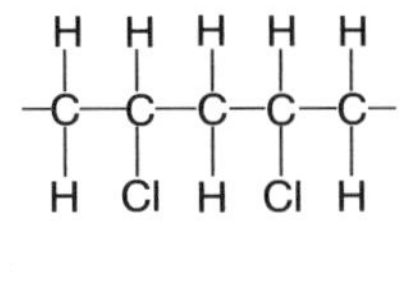

Devido à presença de átomo de Cl, a estrutura molecular se torna assimétrica, e o comportamento dessa resina é **polar**. Os valores de ε e tg δ variam de acordo com a Figura 6.1, apresentando, à temperatura de referência, os valores indicados na Tabela 5.3. A **umidade** influi unicamente sobre os valores da **resistividade superficial**, não afetando a rigidez dielétrica. O PVC é ainda **resistente** à ácidos diluídos, álcool, gasolina e óleos. Essas propriedades são importantes em uma série de aplicações, para materiais instalados ao ar livre.

Polietileno

É uma das resinas não polares de maior uso. É obtido **da polimerização de etileno gasoso** aplicado com altas pressão e temperatura. Sua estrutura é

$$\cdots - CH_2 - CH_2 - CH_2 - \cdots$$

Seu peso molecular, devido **à extensa** polimerização, se localiza entre 20 000 e 40 000. Sua higroscopia é bastante pequena, sendo **resistente** à ação de grande número de produtos químicos. Sua **elasticidade** se encontra **acima** da média dos demais produtos deste grupo, o que é um fato importante para cabos, por exemplo.

Suas características elétricas vêm indicadas na Tabela 5.3.

Polistirol

Tal como o polietileno, o polistirol é formado unicamente de átomo de **hidrogênio** (H) e **carbono** (C). É um polímero de estirol, de formula básica C_8H_8 e uma estrutura igual a

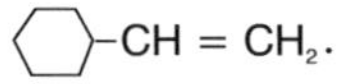

É obtido mediante destilação do **carvão mineral** ou por via sintética. O estirol é um **líquido** leve, incolor, com cheiro característico, de **fácil** polimerização, o que faz com que se transforme lentamente em uma **massa sólida** e **transparente**, mesmo na ausência de catalisadores, luz ou calor.

O seu peso molecular é também elevado, encontrado geralmente entre valores de 50 000 e 150 000. Os valores de ε e tg δ **variam pouco** com variação de temperatura. O polistirol praticamente **não é** higroscópico, e, graças às suas propriedades elétricas (veja Tabela 5.3) notadamente com tg δ **muito baixo**, recomenda-se seu uso na área das **altas frequências**.

A resina de polistirol é encontrada na forma de **vernizes e filmes**, como, por exemplo, nos **capacitores** tipo Stiroflex. Há desvantagem, entretanto, na **baixa** temperatura de serviço, uma vez que amolece a temperaturas que variam de 50 a 80 °C, dependendo do peso molecular (quanto **maior** o peso, **maior** a temperatura).

6 • RESINAS SINTÉTICAS CONDENSADAS

É fundamentalmente o grupo dos **fenol-formaldeídos** e suas formas derivadas que também são **largamente** utilizados nas aplicações eletrotécnicas. São obtidos a partir dos **fenóis** C_6H_5OH e do **formaldeído** $H_2C = O$, em recipiente hermeticamente fechado e na presença de **catalisadores**. Ao término da reação, esses dois componentes que eram **inicialmente** transparentes e incolores se transformam numa massa **marrom**, que já é a resina no seu estado final.

Resinas de fenol-formaldeído podem ser fabricadas como **termofixos ou termoplásticos**. Se, na reação, não participa menos do que um mol de formaldeído por mol de fenol, então a resina resulta **termofixa**, e é comercialmente conhecida por **baquelite**. Na sua obtenção, o catalisador será do tipo básico.

Seu primeiro amolecimento ocorre a temperaturas entre 55 e 80 °C, apresentando **elevada** solubilidade perante álcool e outros solventes polares. A **plastificação total** do material, em que adquire as características termofixas, depende da **tempe-**

ratura e da **pressão**. Assim, por exemplo, perante 160 °C, o tempo é de 1 a 3 minutos. Nesse estado, o material é totalmente insolúvel, **carbonizando** ou **queimando**.

Baquelite

É um termofixo de elevada estabilidade mecânica. É dura, pouco elástica e apresenta **elevada** resistência contra a ação da água. Apresenta porém uma resistência superficial relativamente **baixa**, tendendo à formação de **descargas superficiais**. Foi bastante usada como matéria-prima de acessórios e peças isolantes de **baixa tensão**, mas atualmente outras formas plásticas predominam.

Escolhendo-se, no processo de condensação, uma proporção entre o mol de fenol e o de formaldeído, tal que, por mol de formaldeído, corresponda menos de 1 mol de fenol, a resina resultante **é termoplástica**.

Derivado do fenol-formaldeído, encontramos também o formaldeído em que o fenol é substituído **por ácido úrico**, dando origem à *melamina*. Esta suporta **bem** a ação de descargas elétricas e tem **elevado** poder de **aderência**. É usada para massas plásticas, vernizes e colas.

Além das mencionadas, existe um número bastante elevado de resinas compostas, que, variando os componentes e suas porcentagens, variam também as propriedades e sua utilização. Como exemplo, a estrutura química da **resina de polivinil-formaldeído**, que é um dos derivados.

A resina gliptal é outro produto de largo uso, obtido pela condensação de **glicerina** $CH_2 \cdot OH - CH \cdot OH - CH_2 \cdot OH$ com **anídrido de ácido ftálico**, um produto derivado da naftalina.

Essas resinas são **termofixas**, exigindo, porém, temperaturas e tempos bem mais **elevados** do que a baquelite. Como vantagem dos gliptais sobre a baquelite, se destaca a **maior** elasticidade, **elevada** força de colagem (aderência) e uma **maior** resistência a descargas superficiais. O **gliptal** é bastante usado em combinação com a **mica**, onde atua como verniz de colagem, na fabricação de micanite, bem como **verniz de impregnação** para máquinas e aparelhos.

7 • RESINA EPÓXI

É um produto da **policondensação** obtido do fenol com diversos núcleos de benzol (polifenóis) e epicloridrina, ambos em meio de uma **solução alcalina** fornecendo produtos de condensação.

O produto resultante pode ter diversas formas e aparências na forma líquida ou sólida, transparente ou levemente marrom, com ponto de fusão entre 50 e 160 ºC que, recebendo como aditivo um **endurecedor**, podem ser endurecidos a quente ou a frio.

A resina epóxi se caracteriza por uma elevada **aderência** a outros materiais sólidos, não tem cheiro, permanece inalterável até 130 °C, tem **pequena** higroscopia e **suporta bem** o ataque de agentes químicos. Se apresenta na forma de **vernizes** para **impregnação** e **colagem** ou como **massa isolante**. Termicamente, se torna **termofixo** à temperatura de 130 a 200 °C, num tempo variável de 15 minutos a 1 hora, ou, à temperatura ambiente, num período de oito dias. Neste último caso, porém, os valores obtidos de resistência são cerca de 50% **inferiores**. Quanto à consistência, o epóxi é **duro** e **inflexível**. Deixando-se em depósito, a resina epóxi sofre uma **autorreação**, que modifica as características do material dentro do prazo de um ano.

8 • ÉSTERES E ÉTERES DE CELULOSE

Representam a terceira família de resinas. Cada elemento da cadeia molecular da celulose se compõe de três grupos OH, com acentuadas características polares e **elevada higroscopia**. Aplicando-se um adequado tratamento químico à celulose, resultam ésteres e éteres de celulose em que há uma substituição de radicais OH. Daí resultam novos produtos, como a nitrocelulose, onde o grupo OH é substituído por NO_2, e outros mais. Os ésteres de celulose são resinas **termoplásticas** com um ponto de fusão entre 50 e 70 ºC, sendo também solúveis em **solventes orgânicos**, apresentando menor higroscopia que a celulose pura, devido à substituição parcial dos radicais OH. São bastante usados em vernizes, massas plásticas de injeção, filmes e fibras.

9 • VERNIZES

Os vernizes são produtos resultantes de **resinas com um solvente**, este último **eliminado** na fase final do processo. Usando resinas, como as analisadas no capítulo anterior, os vernizes **mantém** na forma final as propriedades das **resinas**, classificando-se em três grupos, a saber:

a) **vernizes de impregnação**;
b) **vernizes de colagem**;
c) **vernizes de recobrimento**.

Vernizes de impregnação

É o tipo geralmente encontrado em associação com **papéis**, **tecidos**, **cerâmicas porosas** e materiais semelhantes. Sua função é **preencher** o espaço deixado internamente em um material, com um isolante de qualidade e características adequadas, **evitando** a fixação de **umidade**, que seria prejudicial às características elétricas.

O seu processo de aplicação é o seguinte: o material isolante **fibroso ou poroso** é colocado numa estufa, para dele se retirar toda ou quase toda a **umidade** que ocupou os interstícios do material, devido à sua presença no ar circundante. Esta eliminação é feita em estufa, **regulada** para o material que se deseja secar, para evitar que a temperatura presente venha a **prejudicar** as características do material. Uma vez eliminada a umidade, o material é colocado **em contato direto** com o verniz de impregnação, seja através da **imersão** em recipientes contendo o verniz, seja na forma de **injeção** do verniz sobre o material a ser impregnado, sob pressão. Com o fechamento de poros e vazios dentro do material, **eleva-se** acentuadamente a **condutividade térmica** e a **rigidez dielétrica**, e reduz-se a **higroscopia**, o que vem beneficiar ainda mais as características do isolante sólido impregnado.

Uma vez impregnado, o verniz é seco em **estufa**, eliminando-se o solvente. Essa eliminação pode eventualmente ser feita ao ar livre, sem estufa; observa-se, entretanto, que vernizes que secam ao ar livre apresentam **geralmente elevado grau de envelhecimento**.

Além da melhoria das propriedades elétricas e térmicas, observa-se também uma melhoria das propriedades **mecânicas**, uma vez que, com a complementação do volume pelo material impregnante, a transferência de tensões mecânicas se faz em toda a seção aplicada, o que reduz a concentração de esforços e **eleva** os valores mecânicos e elétricos que podem ser aplicados.

Vernizes de recobrimento

Destinam-se a formar sobre o material sólido de base uma camada **de elevada resistência mecânica**, lisa e à prova de **umidade** e com aparência brilhante. Sua aplicação, assim, é especialmente necessária em corpos isolantes porosos e fibrosos, bem como na cobertura de **metais** (fios esmaltados). No caso particular de seu uso com **isolantes porosos e fibrosos**, a sua ação se faz sentir por uma **elevação da resistência superficial de descarga** e consequente **tensão de descarga** externa.

Eleva-se a **resistência** à penetração de **umidade**, apesar de que, para proteger neste sentido, o isolamento também deveria ser impregnado, pois qualquer **fissura** ou **remoção** da camada de verniz de cobertura pode colocar o isolamento em perigo. Sendo a superfície lisa, torna-se mais difícil a deposição de poeiras e outros detritos, além de facilitar a limpeza.

Vernizes de colagem

Diversos isolantes, quando purificados, perdem a consistência devido à eliminação de materiais de colagem entre suas **partes** ou **camadas**. Em outros casos, o próprio isolamento, em geral sintético, não apresenta a necessária **consistência ou coeficiente de atrito**, para permitir seu uso em eletricidade. Como exemplo do primeiro caso, podemos citar a **mica**, que, ao ser purificada, se desmancha em grande número de pequenas lâminas, sem possibilidade de se formar um sólido de dimensões **definidas e fixas**. Como exemplo da segunda hipótese, é o da fibra de vidro. As fibras em si são **lisas**, deslocando-se com facilidade e assim apresentando um recobrimento irregular, mesmo tratando-se de um tecido de fibra de vidro. **Dessa forma, não atendem às condições de segurança para uma isolação elétrica.**

Note-se que, em ambos os casos, não se trata da necessidade de um verniz que se impregne no sólido, pois os sólidos em si são bastante compactos; por outro lado, também não é o caso de um recobrimento. Portanto, nessas condições, o necessário é um verniz que cole entre si as diversas partes do isolamento. Neste caso, se aplica o **verniz de colagem** entre sólidos – laminas e fios.

Uma outra aplicação desse tipo de verniz é também a colagem de isolantes sobre metais. Distinguem-se tais vernizes por **baixa higroscopia** e **boas características isolantes.**

Na prática, um verniz não apresenta unicamente uma dessas propriedades. Todos eles possuem uma certa predominância de alguma das três propriedades indicadas, vindo porém acompanhadas de mais uma ou duas outras propriedades.

A aplicação do verniz – a compatibilidade do solvente usado no verniz de impregnação

Ao se pretender aplicar qualquer tipo de verniz, devem ser tomados certos cuidados, como os que se seguem.

1. **Deve ser verificada** a compatibilidade entre o solvente do verniz e o material sobre o qual esse verniz vai ser aplicado. Pode ocorrer, por exemplo, que o material a receber o verniz se dissolva no solvente desse verniz, atacando-o e prejudicando suas características e função. Este é, por exemplo, o caso de um verniz de colagem aplicado a um enrolamento, cujos fios são isolados com **outro verniz** de recobrimento. O verniz aplicado sobre os condutores do enrolamento poderá ser **dissolvido** pelo solvente do verniz aplicado sobre todo o enrolamento na fase final de produção, levando o enrolamento **ao curto-circuito entre espiras**.

2. O corpo a ser impregnado, colado ou recoberto deve estar **limpo**, livre de poeiras, pois umidade e poeiras seriam os futuros focos de descarga elétrica.

3. **As condições de secagem** do verniz, ou seja, a eliminação do solvente, devem estar coordenadas com as características do material de base. Além disso, pressão e temperatura necessárias à secagem não devem deteriorar o material de base.

4. **O verniz a ser aplicado** deve ser adequadamente escolhido quanto ao material de base. Se o material é poroso ou fibroso, o primeiro verniz deve ser de impregnação; caso se necessite um melhor acabamento superficial, pode-se aplicar, numa segunda fase, um verniz de recobrimento. Tratando-se de corpos compactos, como as porcelanas elétricas, os metais e outros, o verniz será unicamente de recobrimento. Fibras sintéticas, mica e outros materiais de fibras ou lâminas compactas, usarão o verniz de colagem.

5. **Escolhido o verniz correto**, e eliminadas poeiras e outros depósitos superficiais, torna-se necessária a eliminação da umidade que penetrou no corpo, sempre que este é fibroso ou poroso. A umidade é eliminada em estufa, perante vácuo

e temperatura apropriada ao material, eliminando-se a água. O tempo necessário à secagem depende da geometria e do volume do material.

6. **Uma vez seco**, o corpo isolante poderá ser impregnado, colado ou recoberto na própria estufa, mediante a injeção do verniz, ou senão retirado da estufa e imerso em tanque próximo em verniz adequado. A proximidade desse tanque da estufa é condição básica para não se ter a nova contaminação do material isolante a ser envernizado.

7. **Segue-se a secagem do verniz**, em nova estufa, onde então realiza-se a eliminação do solvente, novamente sob condições de pressão e temperatura apropriadas, ajustadas agora ao solvente, que, em geral, evapora a temperaturas bem inferiores ao material ou componente ao qual foi aplicado. Deixa-se a temperatura atingir a do ambiente, e o componente está pronto para uso.

Esta última etapa pode também ser realizada secando-se o verniz à temperatura ambiente e à pressão atmosférica. Nesse caso, a secagem é geralmente mais lenta, economizando-se, porém, uma fase de produção. Esse processo apenas é viável quando o solvente evapora à temperatura ambiente (como, por exemplo, o álcool usado como solvente da goma-laca). Os vernizes que secam nessas condições, porém, geralmente sofrem **rápido envelhecimento**, ou seja, **tempo de vida pequeno**, o que praticamente condiciona a necessidade de se aplicar o processo de secagem final sob condições controladas diferentes das do ambiente.

Nessa fase de eliminação ou evaporação do **solvente**, com consequente **redução** de massa do verniz, que passa a ser apenas resina, aparece um dos maiores problemas que é a formação de bolhas internas ao verniz ou à resina.

Em todos os processos normais de secagem, o calor penetra do **exterior** para o **interior** do material; exceção apenas é encontrada nas secagens **infravermelhas**. Secando primeiramente a parte externa, esta se solidifica antes que o núcleo do material, dificultando ou eliminando a possibilidade de **saída do solvente** aquecido, já em forma de gás, do interior do material para o meio externo. Com a secagem progressiva, essas quantidades de solvente não eliminado vão formar poros ou bolsas internas, **de baixas** características isolantes e, por isso mesmo, elementos de fácil **ionização** e **focos** de descargas. Soma-se a esse aspecto ainda, em geral, a **concentração** do campo elétrico nessas bolsas, devido ao **menor valor** de e e **menor** rigidez dielétrica E_d. Esse problema exige, por parte das indústrias, precauções especiais, para que o produto, sobretudo na área das altas tensões, apresente qualidades, isolantes condizentes com a responsabilidade que o material tem na rede.

A Figura 5.4 detalha esquematicamente o processo de impregnação e a problemática da secagem.

Vernizes ainda existem, destinados à reisolação de grandes espessuras, em que também se aplicam isolantes (*compound*) que serão analisados em seguida. Tais vernizes, praticamente na forma de resinas com um **endurecedor** (e não com um solvente), são bastante encontrados na construção da **capa isolante** de **emendas** e **terminações** de cabos elétricos, caso em que esse verniz preenche um molde colocado em torno de um cabo. Nesse caso, processa-se uma **reação exotérmica** entre a resina e o endurecedor, realizando-se a solidificação (cura) dentro de um tempo variável entre alguns minutos e algumas horas, dependendo do volume do material em processo de endurecimento.

Massas compostas

Quando se trata de criar **volumes** de material isolantes **maiores**, algo mais do que um filme de pequena espessura ou de uma impregnação, passa-se ao uso de **massas compostas** (*compound*), cuja matéria-prima básica pode ser o betume. Tais massas se caracterizam por um **baixo** ponto de fusão, o que, de um lado, facilita uma aplicação **por não necessitar** de grande quantidade de calorias para se **liquefazer**, que é o estado de **sua aplicação**; do outro lado, pelas mesmas razões térmicas, **não suportam** condições de sobrecarga mais prolongadas. Apresentam ainda a vantagem de não precisarem de solvente (a liquefação é obtida por aquecimento!) de modo que se elimina o problema da **formação de bolhas de ar** no seu interior, durante a fase de esfriamento.

Massas compostas, devido à sua consistência, **são praticamente inadequadas quando precisamos de filmes ou películas** isolantes.

Dissolvem-se facilmente perante o **óleo** e na presença de hidrocarbonetos cromáticos. Sua secagem se processa à temperatura ambiente, são pouco flexíveis e não suportam grandes variações de temperatura. São bastante **resistentes** à ação da água. Sua característica é **termoplástica**.

Em menor escala, encontram-se também outras massas compostas, contendo **resinas sintéticas**, tais como polietilenos, poliisobutilenos e outros.

Isolantes fibrosos

Fibras isolantes podem ser **orgânicas e inorgânicas**. As orgânicas mais encontradas são a **celulose**, o **papel**, o **algodão**, a **seda** e outras fibras sintéticas ou naturais. Já as inorgânicas são representadas sobretudo pelo **amianto e fibra de vidro**.

10 • FIBRAS ORGÂNICAS

O papel

A matéria-prima básica do **papel é a celulose**. Uma celulose praticamente pura é obtida a partir do **algodão**, sobretudo usando aquelas fibras que não são usadas para finalidades têxteis. Entretanto, a maior parte da celulose provém de árvores, dos mais diferentes tipos.

O **processo de obtenção** da celulose é basicamente o seguinte: retirando-se a casca do tronco de determinada árvore, cuja celulose é apropriada para fins elétricos, e deixando-se o restante bem limpo, corta-se o caule em pedaços de, no máximo, 40 mm e leva-se a cozinhar em Ca $(HSO_3)_2$, sob pressão, a aproximadamente 130 °C. Após o **cozimento**, o líquido é **coado**, os pedaços de madeira são amassados e lavados com grande quantidade de água. **Eliminam-se** as partes que não se **decompuseram**, e a massa de celulose em si é alvejada, lavada e secada. Passa-se, em seguida, à fabricação do papel, nos diversos tipos desejados, de acordo com sua finalidade. No nosso caso, vamos nos preocupar com os papéis usados eletricamente.

É muito frequente até os dias atuais o uso de papel para finalidades elétricas, sobretudo devido **à grande** flexibilidade, capacidade de obtenção em espessuras **pequenas**, preço geralmente **razoável** e **estabilidade** térmica em torno de 100 °C, o que é também razoável. O maior problema do papel está em sua **elevada higroscopia**, o que condiciona seu uso na eletrotécnica a uma **impregnação** adequada com óleos ou resinas, ou somente usado em tensões muito baixas.

Essa **elevada** higroscopia é consequência da disposição irregular e cruzada das fibras, deixando **grande número de aberturas** ou **interstícios** no seu interior, que, na impregnação, são ocupados por isolante adequado. Geralmente, **apenas 40% do volume** do papel é de fibras; o restante são **espaços livres**.

Além das favoráveis propriedades elétricas do papel, ele se destaca por **uma elevada** resistência mecânica, tanto ao longo da fibra quanto transversalmente. Esse comportamento é importante, por exemplo, no uso do **papel como isolante de cabos**, em que, tanto **na fabricação** quanto no uso, os papéis ficam sujeitos a acentuados esforços de tração e de flexão, quando o cabo é tracionado e dobrado. A tração é mais acentuada durante a própria aplicação do papel como camada isolante sobre o material condutor. Durante o processo, aplica-se uma acentuada força de tração, para se evitar ao máximo a existência de bolhas de ar entre o condutor e o papel e entre as camadas de papel entre si.

O papel também permite um dobramento acentuado **sem "quebrar"** suas fibras, característica importante quando o diâmetro da peça a ser isolada é **pequeno** ou quando existem ângulos fechados.

Conforme já mencionado, o papel é altamente higroscópico devido à presença de **grupos polares** (OH) na molécula de celulose, o que torna sua aplicação problemática para aplicações elétricas devido à **saturação por umidade**, que ocupa os vazios, ou interstícios entre as fibras. Ensaios feitos nesse sentido demonstram que, de um dado volume de papel, em geral apenas cerca de 40% é composto de fibras, o restante são vazios que devem ser preenchidos com material isolante líquido, tal como o óleo ou, senão, por dielétricos sólidos aplicados no estado líquido, como é o caso dos vernizes. Sob esses aspectos, o papel se destaca por uma **elevada** capacidade de **impregnação ou absorção**.

O comportamento térmico do papel é outro aspecto. Nesse sentido, a propriedade de suportar ou não certos níveis de temperatura depende acentuadamente da **natureza** da fibra. Certos tipos de celulose **não** podem ser solicitados, por exemplo, a 100 °C, por um tempo razoavelmente longo, ao contrário de outras celuloses, que não apresentam maior modificação de propriedades quando expostas a 100 °C, durante uma semana. O **envelhecimento** da fibra desse papel de celulose ainda **é mínimo** a 120 °C se forem aplicados durante 48 horas, ou a 135 °C durante algumas horas. **Acima** desses valores, procede-se a uma **modificação molecular** da celulose devido à ação do **vapor de água** e de outros gases prejudiciais.

Pelas razões expostas, um papel, ao ser utilizado eletricamente, deve ser **seco a vácuo**, quando então fica livre da umidade que penetra no material durante o seu **próprio manuseio**, na fabricação das camadas isolantes.

Aplicações

Papéis são utilizados ainda hoje em grande número de casos, apesar de serem um produto em uso desde longa data e dos problemas e cuidados que devem ser tomados. Observa-se, porém, que a tendência é **substituí-los** por materiais fibrosos **sintéticos**, que permanentemente estão sendo desenvolvidos e produzidos.

O papel na forma mais simples isola espiras de fios, caso em que vem impregnado com **óleo ou vernizes**. Este é também basicamente o caso de **capacitores**, nas quais o papel isola entre si as placas condutoras.

Em outra forma, o papel, que é **flexível** por natureza, é **impregnado** com verniz que, ao secar, se torna **rígido**; é o caso de **placas** usadas como base de suporte de outros componentes ou mesmo como separadores dielétricos, no caso de barramentos ou de base de suporte de **núcleos** de transformadores ou dos **enrolamentos** de motor, dentro da ranhura.

Resultam **três grandes grupos** de papéis que se diferenciam entre si pelo processo de fabricação e, consequentemente, de **propriedades físicas**, **elétricas** e **mecânicas**. Distinguem-se, assim, os tipos dados a seguir:

Papéis para capacitores

São os de **melhor** qualidade, **maior** compactação e **menor** espessura. Esses papéis de **celulose sulfatada** suportam uma **elevada densidade** de campo elétrico. Sua pequena espessura influi decisivamente na obtenção de capacitores de **pequeno tamanho**.

Papéis para cabos

Comparados com os anteriores apresentam características isolantes **menos** elevadas que as anteriores, são, porém, de menor custo e suportam bem as solicitações **mecânicas** que não existem nos capacitores. Sua espessura é geralmente **maior**, sendo **menor** seu peso específico. Isso demonstra **menor** compactação e características isolantes **menos** elevadas.

A base desses papéis é celulose sulfatada. A sua densidade pode ser elevada a até 1 g/cm^3, com a qual suas propriedades **melhoram**.

Na fabricação de cabos, as características mecânicas são de grande importância, tanto na **tração** quanto na **flexão**. A camada de papel, aplicada para garantir isolação entre fios com potenciais diferentes, deve representar também uma proteção **mecânica**, no ato da **instalação** do cabo. O setor mais crítico, porém, é a eventualidade de camadas de ar que permanecem **entre** as camadas de papel, e que são o ponto de partida para **descargas** entre camadas de fios, sempre que não se usam **recursos de impregnação** do papel. Em tais bolsas de ar, o material de impregnação pode **ser destruído** pela ação do ar ionizado (presença de oxigênio nascente O_3), ionização essa que pode **atacar** outras partes do cabo. O problema da ação do O_3 é, entretanto, bem mais crítico quando o isolante é **plástico**.

Ao impregnarmos o papel de um cabo, seja com óleo ou com outros materiais, as propriedades elétricas, mecânicas e químicas logicamente sofrem a influência das propriedades do meio impregnante.

Aglomerado de papel

Papéis são aglomerados com **mica** e outros materiais, com a finalidade de atender a casos em que o isolamento deve também suportar esforços mecânicos elevados.

No caso do papel com mica, as plaquetas de mica são coladas com **verniz de colagem** sobre o papel, que, nesse caso tem uma função predominantemente mecânica, já **que a mica é melhor isolante que o papel**, nos aspectos elétricos e térmicos. O papel para essas aplicações deve ter fibras **compridas**, suportando, ao longo da fibra, esforços de tração da ordem de 750 kg/cm^2; sendo que, transversalmente à fibra, esse valor é sete vezes menor.

Papel impregnado

É um papel semelhante ao usado em cabos, porém, com **menor** densidade e, por isso, com **maior** capacidade de absorção de verniz, impregnando-se, assim, mais profundamente. O papel desse tipo é produzido geralmente em espessuras de até 0,1 mm, com uma rigidez dielétrica de 8 kV/mm. De um modo geral, esse papel é inferior ao papel para cabos.

Papelões isolantes

Esses papelões podem ser fabricados a partir da fibra de celulose ou das fibras de trapos, caracterizando-se por uma função predominantemente **mecânica**, sem perder, porém, sua função isolante. São particularmente encontrados na isolação de **ranhuras**, fabricação de **carretéis**, **suportes** isolantes etc.

A fibra é igualmente de origem **orgânica**, bastante porosa e, por isso, em geral, tratada com um verniz adequado, que **cola** as fibras entre si.

A espessura é bem maior que a dos demais papéis, variando entre 0,1 mm até alguns milímetros, quando não na forma de camadas de papel coladas entre si.

Deve, suportar esforços de tração da ordem de 75 N/cm^2 no **sentido longitudinal** e, transversalmente, aproximadamente a **metade** desse valor. A rigidez dielétrica se move acima de 8 kV/mm, sem impregnação. Quando impregnados, esse valor costuma ser três vezes superior. Diversos são os nomes comerciais de produtos dessa área.

11 • FIBRAS SINTÉTICAS

Grande parte dos produtos fibrosos naturais, como o algodão e a seda natural, estão sendo sistematicamente **substituídos** por **fibras sintéticas**, de variedade cada vez maior, sempre que o preço e suas propriedades justificarem essa substituição. Em uma primeira fase, a **seda artificial** encontrou aplicação; hoje, porém, já substituído por **fibra de vidro** ou **fibras de poliamida** ou outros sintéticos. Esses materiais, em geral, **melhoraram** as características elétricas, mecânicas e químicas (envelhecimento) dos produtos em que são usados, sempre que uma produção em grande escala se justificar, para poder economicamente **competir** com as fibras existentes.

Diversos poderiam ser os produtos aqui mencionados. Vamos, porém, nos limitar aos dois exemplos dados a seguir.

Fibras de poliamida

São fibras usadas frequentemente como **reforços mecânicos** de cabos de utilização especial, sempre que as condições de uso exigem um material **resistente** à ação do fogo, **elevada** flexibilidade e capazes de suportar **elevados** esforços de tração.

Sendo fibras sintéticas, por natureza de massa compacta e não porosa como as fibras de celulose e, além disso, tendo em geral uma **superfície externa lisa**, com **baixo** coeficiente de atrito, torna-se imprescindível a aplicação de um **verniz de colagem**, capaz de conferir ao tecido, assim fabricado, a necessária consistência mecânica, o que, por sua vez, garante manter a **continuidade** de uma camada elétrica isolante.

Essas fibras são manufaturadas e consumidas em forma de fitas isolantes, que suportam até 20 000 N/cm^2, com espessura em torno de 0,5 a 1,5 mm.

Fibras de vidro

Derivada do vidro isolante, a fibra de vidro é obtida com expessura de 5 a 10 μm (micrometros). A matéria-prima deve ser **vidro livre de álcalis**, para evitar o aparecimento de **fissuras capilares** tendentes a reter a umidade, prejudicando, assim, a propriedade de **resistência superficial**. Logo após sua fabricação, recomenda-se **envolver** a fibra de vidro com uma camada protetora contra a ação do ambiente.

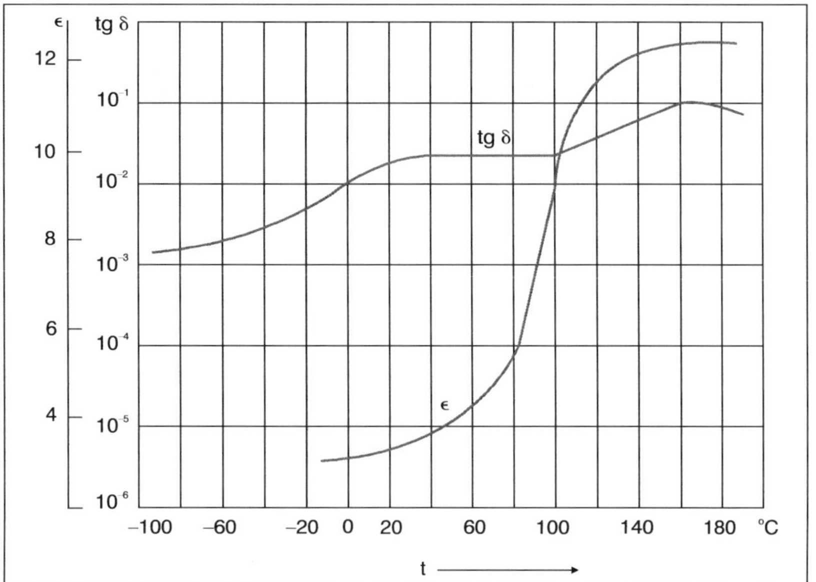

Figura 6.1 • Variação de tg δ e ε em função da temperatura do cloreto de polivinila (PVC) perante uma frequência de 1 MHz.

Diversos são os métodos de sua fabricação, que aqui não serão analisados. A fibra se apresenta com razoável **flexibilidade**, a qual **aumenta** com diminuição do diâmetro da fibra. Também em função da espessura, varia a **taxa de tração**, conforme mostra a Figura 6.2, e a **dilatação**, ambas grandezas também dependentes da **composição** do vidro e do **tempo** de sua fabricação.

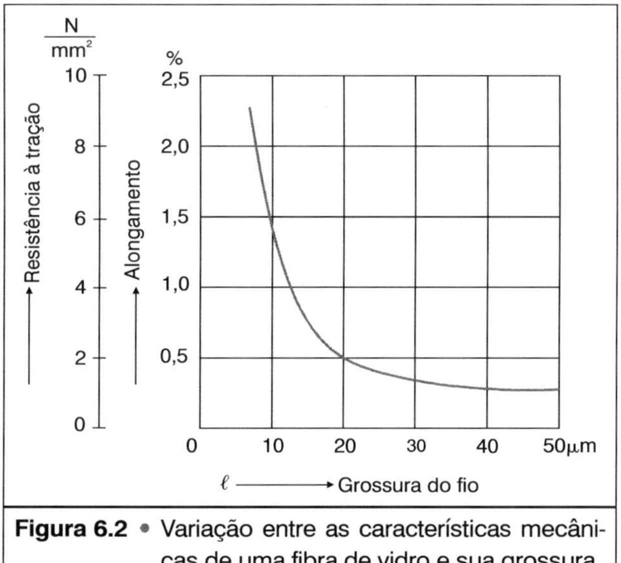

Figura 6.2 • Variação entre as características mecânicas de uma fibra de vidro e sua grossura.

A fibra de vidro se caracteriza por uma estabilidade térmica sensivelmente **mais elevada** do que a de outras fibras, como representa a Figura 6.3. Por essa razão, fibras de vidro adequadamente associadas a resinas da **família dos epoxes** são frequentemente encontradas quando se trata de utilizar um material isolante capaz de **suportar temperaturas** de 200-300 °C ou mais. Casos típicos são as **câmaras de extinção do arco voltaico**, sobretudo em disjuntores de média e alta-tensão, com reduzido volume de óleo. A exemplo dos comentários anteriormente feitos para a fibra de poliamida, a fibra de vidro também **necessita** um tratamento com **verniz de colagem**, para fornecer produtos elétrica e mecanicamente adequados.

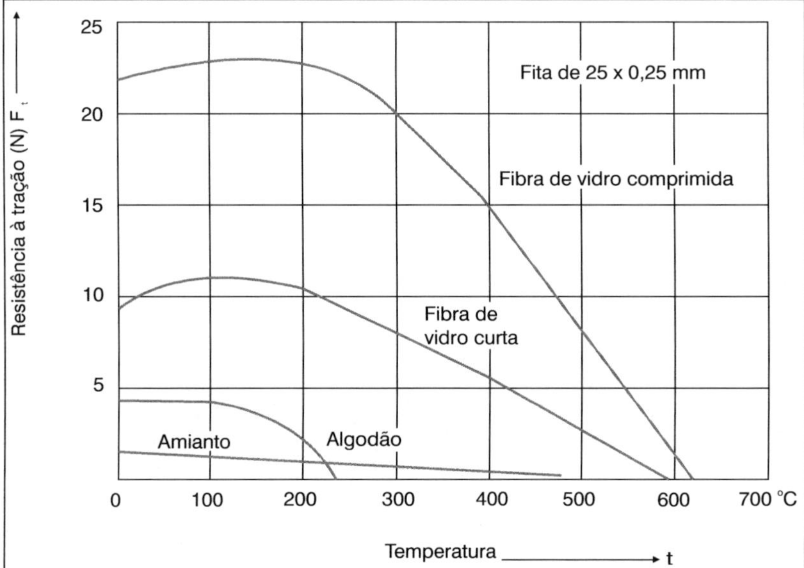

Figura 6.3 • Variação da resistência à tração em função da temperatura de algumas fibras.

12 • CERÂMICAS

Reúne-se sob a designação de cerâmicas um grupo de materiais de **elevado ponto de fusão**, que, em geral, são manufaturados a frio na forma plástica e que sofrem processos de **queima** até temperaturas de 2 000 °C. Apenas após a queima, o material adquire as características que permitem seu uso técnico. Cerâmicas são matérias-primas de uso bastante antigo (e usadas até hoje), sobretudo em utensílios domésticos, mas **atualmente** com utilização elétrica bastante importante.

Matérias-primas

As matérias-primas mais importantes são o **quartzo**, o **feldspato**, o **caolim e a argila**, havendo ainda uma série de aditivos em menor porcentagem, mas de **influên-**

cia sensível no produto resultante. O **caolim** é formado de microcristais do tipo folheado, resultante da decomposição **de granito e feldspato**, devido à ação da água, ácido carbônico e outros gases ácidos.

As **argilas** são depósitos sedimentares da era secundária e terciária, de composição bastante variável. Como componentes principais da argila, encontram-se o caolim misturado **com quartzo**, minerais da família das **micas**, hidróxido de ferro, carbonatos e silicatos de cálcio e magnésio, às vezes ácido de titânio e materiais orgânicos. Dependendo da composição porcentual de cada um dos elementos mencionados, a argila apresenta cor e propriedades próprias e, daí, **influindo** sobre as propriedades da porcelana. A capacidade de **aderência** e a **uniformidade** da argila dependem sensivelmente do tamanho dos grãos. Materiais cerâmicos se caracterizam geralmente pelo seu **preço baixo**, por um processo de fabricação **relativamente simples**, e devido às boas características elétricas, térmicas e físicas vantajosas que podem apresentar, quando o processo de fabricação é bem cuidado.

Preparo da massa de porcelana

Os componentes básicos mencionados têm, cada um, sua influência predominante nos aspectos térmico, mecânico ou dielétrico. Assim, fazendo-se a análise em termos gerais, tem-se:

a) **Aspecto térmico** – o componente que influi termicamente é o **quartzo**; portanto, quanto **maior** a sua porcentagem, **maior** é a temperatura suportada por essa porcelana.

b) **Aspecto dielétrico** – é o **feldspato** o componente que define o comportamento isolante, ou seja, os valores de rigidez dielétrica, o fator de perdas etc.

c) **Aspecto mecânico** – a exemplo da grande maioria dos demais materiais isolantes, os esforços **melhor** suportados pelos mesmos, são os de compressão, apresentando, perante essas solicitações, valores dez vezes superiores aos de tração. Esses valores são consequência da porcentagem de **argila e caolim** presentes na massa cerâmica.

Os três grupos mencionados compõem basicamente uma porcelana, sem prejuízo de acréscimos outros bastante importantes, mas de porcentagem **menor**. Portanto, para o preparo da massa a ser trabalhada, deve-se estabelecer primeiramente a aplicação que a porcelana terá, para então, em função das **condições** elétricas ou dielétricas, mecânicas e térmicas que o material deve **suportar**, estabelecer a porcentagem de cada um. Essa composição é representada graficamente no **triângulo de composição** dos componentes básicos indicado na Figura 6.4.

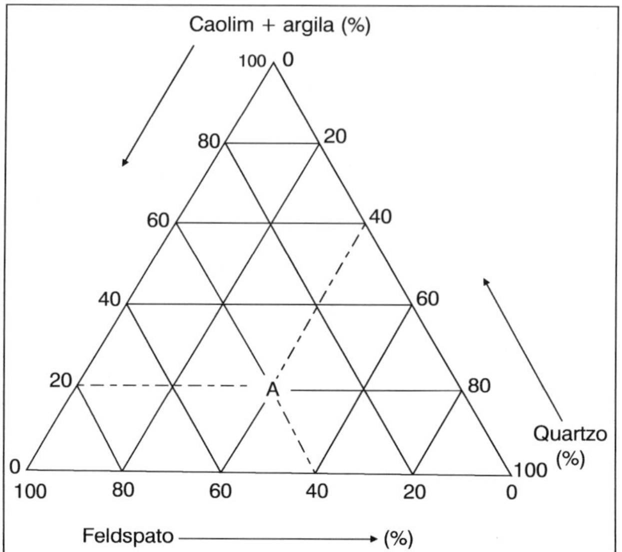

Figura 6.4 • Triângulo de composição da porcelana. Caolim + argila: propriedades mecânicas; feldspato: propriedades elétricas; quartzo: propriedades térmicas. Exemplo: ponto A: 20% caolim + argila; 40% feldspato; 40% quartzo.

Estabelecida a composição, os materiais são **dosados e moídos** ou **homogeneizados** em caçambas com bolas, ou por outro processo. Dependendo do método de fabricação posteriormente usado, essa mistura é **homogeneizada em água**, que confere ao material a característica plástica.

Processo de fabricação

Uma peça de porcelana é moldada a partir dos processos vistos a seguir.

a) **Torneação** – O material plástico é **comprimido** para eliminar o excesso de água, possibilitando, assim, a colocação do material num torno convencional, geralmente na forma de um **tarugo** ou **cilindro**. A usinagem se faz com chapelonas preparadas de acordo com o produto desejado. Portanto, nesse processo, cada peça é produzida individualmente, o que **limita** bastante sua rentabilidade de produção. Nessa fase, muitas peças de porcelana recebem uma rosca interna para fixação futura. Após a moldagem e a peça pronta, seguem algumas precauções intermediárias para, no final, se proceder ao **recobrimento da peça por um verniz**, cuja base é a mesma da porcelana, e a queima, em fornos adequados. O recobrimento com verniz se destina a **"vidrar" a superfície externa** da porcelana que, sem ser porosa, apresenta uma certa **rugosidade**, que poderá ser prejudicial durante o uso da porcelana em corpos isolantes sujeitos à **deposição de umidade, poeira etc.**, que sobre essa superfície rugosa aderem com mais facilidade. Esse verniz, ao recobrir o corpo de porcelana, torna o mesmo liso e brilhante, com o que se eleva a **resistência superficial** de isoladores colocados ao ar livre.

Na queima, em forno adequado, a porcelana passa do **estado plástico** ao **seco**, pela evaporação total da umidade, evaporação essa que **reduz em cerca de 20% o volume** da peça, se comparada com suas dimensões na forma plástica inicial, quando é torneada. Essa redução pode levar a **fissuras** e deformações inadmissíveis no material, tornando-o inadequado para aplicações técnicas. Portanto é bastante crítica a fase entre a **torneação** e a **queima final**, exigindo um processo bastante controlado.

b) **Compressão ou prensagem** – O produto resultante é a **porcelana prensada**, menos frequente nas aplicações técnicas, devido às propriedades que apresenta. A massa, na forma de pó, é prensada dentro de um molde, por uma **matriz de aço**, ficando assim pronta a peça desejada. A compactação desse pó é, entretanto, apenas suficiente, se as pressões de compressão forem bastante **elevadas**, o que exige maquinário de **elevado custo**. Além disso, o processo deve prever a fabricação simultânea de diversos isoladores, para elevar a rentabilidade. Dessa forma, são produzidos **isoladores de pequeno porte**, para baixa tensão, ou senão partes de isoladores maiores, que são em seguida coladas ou cimentadas entre si.

O processo, partindo do pó e não da massa plástica com acentuado teor de água, apresenta a vantagem de, na queima, não sofrer uma **contração acentuada**, o que consequentemente eleva a precisão das peças. Entretanto, tanto as propriedades elétricas quanto as mecânicas **não são tão favoráveis** quanto no caso anterior.

c) **Liquefação** – Acrescentando **soda ou silicatos** na fase de **homogeneização** dos materiais, obtém-se uma massa bastante líquida, sem que o teor de água seja **elevado demais**. A água existente, sem se misturar, fica em suspensão, na forma de pequenas bolhas. A massa líquida, assim obtida, é despejada em moldes, que **absorvem** a água, de modo que se forma uma camada sólida. Esses moldes são geralmente de **gesso**. Após um certo tempo de permanência no molde, forma-se uma casca mais ou menos grossa junto ao gesso, com consistência suficiente para que o molde seja entornado, e a peça obtida fique oca no seu interior.

Esse processo apresenta, portanto, a vantagem de permitir a produção de peças ocas, sobretudo peças de entrada mais estreita que a parte interna, o que seria inviável pelos outros dois processos citados.

Processo de secagem

Após a obtenção da forma desejada, deve-se proceder a uma **secagem lenta** e muito cuidadosa, para evitar **fissuras**. Nas câmaras ou estufas aquecidas, o material perde cerca de **20 a 30% da umidade**, fase em que deve ser feito qualquer acabamento ou modificação, pois, quando totalmente seco, o material se torna excessivamente duro.

Processo de pré-queima e aplicação do verniz

Antes de ser vidrada, a porcelana tem de sofrer uma pré-queima, a cerca de 900 °C, na qual o material adquire suficiente consistência e porosidade superficial, para que o líquido de vidragem se fixe adequadamente.

Processo de queima final

Aplica-se o verniz e recoloca-se a porcelana **no forno de queima**, a uma temperatura de 1400 °C, durante 40 horas aproximadamente. Nesse estágio, a **porcelana adquire sua forma final**.

Produtos cerâmicos

A porcelana, até aqui referida, é apenas um exemplo de produto cerâmico, apesar de que, em tese, o processo de fabricação dos demais é semelhante, variando apenas a composição. Condensados nas Tabelas 6.1 a 6.4, podemos destacar os produtos relacionados a seguir:

1) **Porcelana de isoladores** (Tabelas 6.1 e 6.2). Destinada à fabricação de isoladores de baixa, média e alta-tensão, para redes elétricas, dispositivos de comando, transformadores etc. Deve apresentar comportamentos elétrico e mecânico adequados.
2) **Cerâmica de capacitores** (Tabela 6.3). Distingue-se pela elevada constante dielétrica, aplicando-se em capacitores de baixa e alta-tensão. Não são solicitados por esforços mecânicos elevados.
3) **Cerâmica porosa** (Tabela 6.4). Próprios para receber fios resistivos, destinados à fabricação de resistores de fornos elétricos e de câmaras de extinção.

13 • VIDRO

O vidro é uma solução mais moderna para diversos problemas anteriormente só resolvidos com porcelana, e que hoje já encontram também soluções mediante o uso de resinas (epóxi) e aglomerados de resina com borracha. O vidro é encontrado em duas formas: a **normal e a temperada**.

Composição e estrutura

Seguindo a classificação do material segundo seu estado físico, o vidro é incluído tanto no estado **sólido quanto no líquido**, uma vez que sua forma estrutural e as leis de deformação que obedece são as próprias do **estado líquido**, enquanto sua forma estável o classifica como **sólido**. O estado vítreo é particular de uma longa série de produtos **orgânicos e inorgânicos**, incluindo-se nesta última o produto que tecnicamente conhecemos por **vidro**.

Tabela 6.1 • Classificação de materiais isolantes cerâmicos de acordo com suas fases cristalinas.

Nomes	**Componentes principais**	**Composição química**	**Principais características**
Porcelana de isoladores	Argila + Caolim + Quartzo + Feldspato	$3\ A1_2O_3 + 2\ SiO_2$	Pequeno coeficiente linear de dilatação
Porcelana de alta frequência	Argila + Caolim + Bário	$3\ A1_2O_3 + SiO_2 +$ $BaOAl_2O_3 \cdot 2\ SiO_2$	Pequeno coeficiente de dilatação e baixas perdas dielétricas
Ultraporcelana	Argila + Caolim	$3\ A1_2O_3 + 2\ SiO_2$	Elevada resistência mecânica Baixas perdas dielétricas
Esteatite	Talco + Argila + Magnesita	$MgO \cdot SiO_2 +$ $2\ MgO \cdot SiO_2 +$ $2\ MgO \cdot 2\ Al_2O_3 \cdot 5\ SiO_2$	Elevada resistência mecânica Baixas perdas dielétricas Baixo coeficiente de dilatação
Titanatos	Dióxido de Titânio	TiO_2	Elevada constante dielétrica Coeficiente de temperatura negativo
	Dióxido de Titânio + Calcita	$CaTiO_3$	Elevada constante dielétrica Coeficiente de temperatura negativo
	Titanato de zircônio	$TiO_2 \cdot ZrO_2$	Coeficiente de temperatura praticamente igual a zero
	Titanato de bário	$BaO \cdot 4\ TiO_2$ e $BaO \cdot 5\ TiO_2$	Coeficiente de temperatura praticamente igual a zero
	Titanato de magnésio	$Mg\ TiO_3$	Coeficiente de temperatura positivo próximo a zero

Tabela 6.2 • Características de porcelanas eletrotécnicas

Propriedades		Porcelana para isoladores	Porcelana de alta frequência	Oxido de alumínio	Ultraporcelana	Esleatita	Esteatita de alta frequência
Características gerais		Elevada resistência mecânica	Baixas perdas dielétricas	Pequeno tg δ, elevada resistência mecânica	Pequeno tg δ, elevada resistência mecânica	Elevada resistência mecânica	Pequeno tg δ, elevada resistência mecânica
Ângulo de perdas (δ)	a 20 °C	30 – 35	10 – 12	0,5 – 1,5	2 – 3	7 – 8	1,5 – 2
	a 100 °C	90 – 110	15 – 20	1 – 2	3 – 5	10 – 12	2 – 3
Constante dielétrica (ϵ)		5,5 – 4,0	6 – 6,5	10 – 11	7 – 8	6 – 6,5	6 – 6,5
Coeficiente de temperatura		$+ 550 \times 10^{-6}$	$+ 180 \times 10^{-6}$	$+ 120 \times 10^{-6}$	$+ 120 \times 10^{-6}$	$+ 150 \times 10^{-6}$	$+ 110 \times 10^{-6}$
Resistividade transversal (Ω x cm)	a 100 °C	10^{11}	5×10^{13}	10^{15}	5×10^{13}	5×10^{13}	10^{14}
	a 300 °C	5×10^{6}	5×10^{9}	10^{12}	2×10^{11}	5×10^{9}	10^{12}
Rigidez dielétrica média a 60 Hz (kV/cm)		10 – 20	15 – 20	15 – 20	15 – 20	20 – 25	20 – 25
Peso específico (g/cm^3)		2,4	2,6	3,8	3,0	2,7	2,8
Características mecânicas (N/cm^2)	Flexão	45 – 65	50 – 70	200 – 300	150 – 200	90 – 120	120 – 160
	Tração	20 – 30	25 – 35	100 – 150	45 – 60	30 – 45	40 – 45
	Compressão	400 – 500	400 – 500	1 000 – 2 000	600 – 800	500 – 700	600 – 800
Higroscopia (absorção%)		nenhuma	nenhuma	nenhuma	nenhuma	nenhuma	nenhuma
Coeficiente linear de dilatação (1/grau)		$4,5 \times 10^{-6}$	$3,8 \times 10^{-6}$	6×10^{-6}	$4,5 \times 10^{-6}$	7×10^{-6}	8×10^{-6}
Condutividade térmica (W/cm x °C)		0,0015	0,0015	0,015	0,005	0,002	0,002

Tabela 6.3 • Características médias de porcelanas para capacitores

Propriedades		Grupo I	Grupo II	Grupo III
Características gerais		Elevada constante dielétrica (ε) Elevado coeficiente de temperatura negativo	Baixo coeficiente de temperatura de ε	Elevado valor de ε
Arca de utilização		Microcapacitores, capacitores de compensação, para circuitos, bloqueio, trimmer, de alta tensão e de divisores de tensão	Capacitores de pequena potência	Mini e microcapacitores
Constante dielétrica (ε)		50 – 160	12 – 25	1000 – 10.000
Coeficiente de temperatura de (1/°C)		$-1600 \times 10^{-6} - 600 \times 10^{-6}$	-50×10^{-6} a $+50 \times 10^{-6}$	variável
Resistividade transversal (Ω x cm)	a 100 °C	10^{12} a 10^{13}	10^{13} a 5×10^{13}	10^{11}
	a 300 °C	10^{9} a 10^{10}	10^{10} a 10^{11}	5×10^{7}
Rigidez dielétrica média I_d (kV/cm) em corrente contínua		100	100 – 150	20 – 100
Peso especifico (g/cm³)		3,8 a 4,0	2,9 a 4,0	5
Resistência à flexão (N/cm²)		100 a 130	90 a 120	–
Coeficiente linear de dilatação (1/grau)		$7{,}5 \times 10^{-6}$	5×10^{-6} a 6×10^{-6}	–
Condutividade térmica (W/cm x °C)		0,003	0,003 a 0,004	–
Higroscopia (absorção percentual de umidade)		nenhuma	nenhuma	–
tg δ em alta frequência	a 20 °C	0,5 a 2	1 a 4	20 – 70
	a 100 °C	1 a 4	2 a 6	–

Tabela 6.4 • Características de porcelanas térmicas		
Propriedades		**Valores**
Peso específico (g cm³)		1.9 a 2.2
Higroscopia (absorção percentual de umidade) (%)		0 a 15
Resistência à flexão (N/cm²)		30 a 100
Condutividade térmica (W/cm x °C)		0,001 a 0,002
Coeficiente linear de dilatação (l/grau)		1,5 x 10^{-6} a 6 x 10^{-6}
Resistividade transversal (Ω x cm)	a 300 °C	10^8 a 10^9
	a 600 °C	10^5 a 10^6

O vidro é basicamente composto de **óxido de silício e de boro**, nas formas SiO_2 e B_2O_3. Acrescentam-se a esses dois uma grande série de aditivos, tais como **os óxidos alcalinos** K_2O e Na_2O, que influem sobretudo no valor da **temperatura de fusão** do material. Vidros técnicos normais, dependendo das porcentagens *x*, *y*, e z de cada um, apresentam-se, assim, como composição do tipo xNa_2O-$yCaO \cdot zSiO_2$ (**vidro de sódio**) ou xK_2O-$yCaO \cdot zSiO_2$. Outros aditivos, geralmente ainda na forma de **óxidos**, são o **magnésio**, o **zinco**, o **antimônio**, o **chumbo** e outros.

Assim os vidros são classificados em um dos grupos dados a seguir:

1) **Vidros sódio-cálcicos**, com a fórmula básica $Na_2O \cdot CaO \cdot 6SiO_2$, com pequenos acréscimos de $A1_2O_3$, BaO, MgO e outros. São empregados em vidraças, garrafas e outros casos não elétricos. Apresentam **baixo ponto de fusão**.
2) **Vidros cálcio-cálcicos**, com fórmula $K_2O \cdot CaO \cdot 6SiO_2$, apresentando alto ponto de fusão e boa resistência química.
3) **Vidros de cálcio-chumbo**, com fórmula K_2O-$PbO \cdot 6SiO_2$ e acréscimos do tipo CaO e BaO. Tem baixo ponto de fusão, apresentam elevado **índice de refração** perante a luz. Seu uso é encontrado em vidro óptico e cristal de chumbo.
4) **Vidro de silicato de boro e alumínio**, com acréscimos de sódio (Na_2O), bário (BaO), cálcio (CaO) e outros. Apresentam bom comportamento químico e térmico. São apropriados para **termômetros e finalidades químicas diversas**.
5) **Especiais**, como, por exemplo, vidro de quartzo, que deixa passar as radiações ultravioletas e é insensível a variações de temperatura.

Características

Sendo um produto resultante de **composição percentual variável** de diversos componentes, variam suas características em função dessa composição. Também tratamentos térmicos posteriores (têmpera) influem acentuadamente, em particular no que se refere a suas **características mecânicas**.

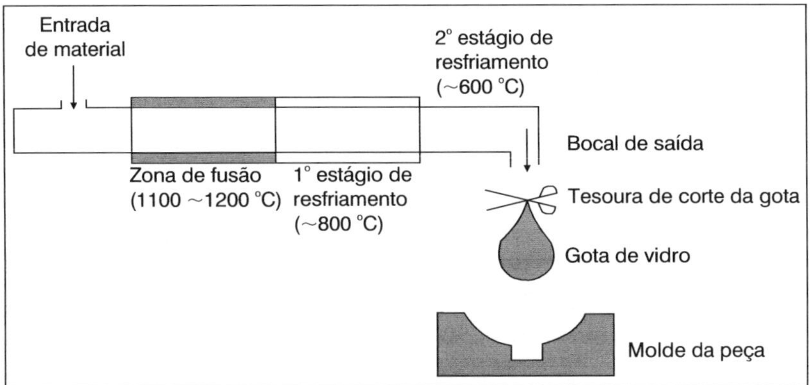

Figura 6.5 • Representação esquemática da produção de vidro.

Assim, os valores numéricos constantes na Tabela 5.3 variam **entre limites bastante amplos**, podendo-se, porém, caracterizar o vidro sob os aspectos vistos a seguir.

1. **Suportar temperaturas elevadas** – a temperatura de serviço normal se localiza em torno de 200-250 °C, ocupando, assim, posição dentro do grupo dos isolantes de **elevada estabilidade térmica**.

2. **Peso específico relativamente baixo**, apresentando, em geral, valor em torno de 2,5 g/cm^3, dependendo, porém, da composição.

3. **Permite um tratamento térmico** que eleva em muito as suas propriedades mecânicas. A têmpera do vidro adquire importância particular na área dos isoladores, tipo disco e pedestal, devido à capacidade de suportar **esforços mecânicos** acentuados.

A têmpera de vidro, de modo simplificado, segue as etapas indicadas na Figura 6.5, cabendo os comentários vistos a seguir:

- **Pela têmpera, a camada externa do vidro** sofre uma contração acentuada, o que faz predominarem na **"casca" externa**, os esforços de **compressão**. Como estes são pelo menos dez vezes superiores aos valores limites do esforço **admissível de tração**, essa "casca" irá suportar forças externas bem mais elevadas do **que se não fosse temperado**. Se aplicarmos sobre esse vidro certa força de tração, essa, antes do rompimento do vidro, terá de vencer primeiro os esforços de compressão intrínsecos da têmpera do do vidro, para depois ainda ter de vencer a resistência própria de tração normal do material (Figura 6.6).

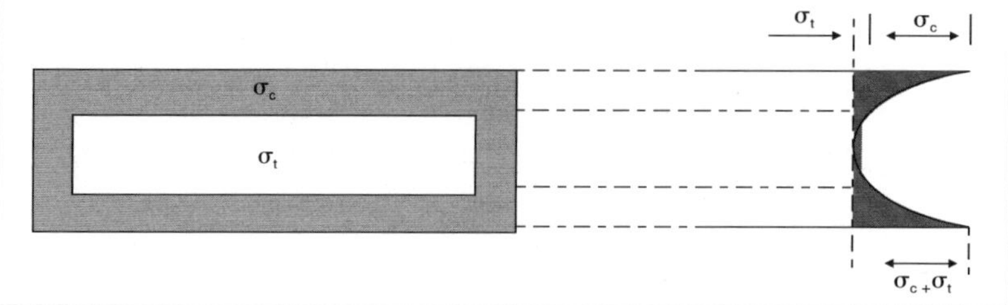

Figura 6.6 • Camadas de tração c de compressão de um vidro temperado.

- A presença de forças **de compressão** na capa externa faz com que na parte interna **predomine a de tração**, para se estabelecer um equilíbrio de forças com **resultante nula**. Perante ausência de forças externas, esse equilíbrio somente será rompido se parte do **volume de material**, no qual predominam esforços de tração ou de compressão, **for removido**. Assim, se, por exemplo, uma lasca de vidro for tirada da peça temperada, quebra-se o equilíbrio entre as partes sujeitas a tração e compressão, **rompendo, assim, toda a peça**. Esse fenômeno, chamado também de *explosão,* é, aliás, comum a todas as peças de vidro temperado.
- **Na construção de isoladores**, particularmente nos do tipo disco, usado em linhas de transmissão de energia, fato descrito no item antrior, leva a exigência de que, havendo a explosão do vidro, os cabos neles ligados não devem cair, ou seja, apesar da destruição do isolador, o sistema deve **manter-se mecanicamente firme**. Tal condição é atendida mediante uma construção adequada da parte mecânica, conforme se verá mais adiante.
- A têmpera é ainda um eliminador natural de **peças defeituosas**. Existe, em todo material, **isolante ou não**, sempre a possibilidade de se formarem **bolsas** ou **bolhas de ar** no interior da massa do material durante seu processo de fabricação, que geralmente se realiza no estado líquido. Essas bolsas de ar trazem problemas mecânicos, elétricos etc., porque têm um comportamento substancialmente diferente do restante da massa do material, sobretudo sob pontos de vista mecânico e elétrico.

Lembrando agora que o material "vidro" sofre **um processo de têmpera**, e que essa têmpera não é extensiva ao ar eventualmente **incluso** no vidro, **não se estabelecerá o equilíbrio** tração-compressão antes analisado, fazendo com que a peça se **rompa**. Também haverá ruptura, pelas mesmas razões, se **dentro da massa de vidro** tivermos grãos ou outros concentrados de material, e que transformam a massa, suposta homogênea, em material heterogêneo. Conclui-se, assim, que a têmpera, além das vantagens que traz sob aspecto técnico, ainda atua como um **seletor natural de qualidade**.

4. Possui elevada estabilidade térmica. Entende-se por estabilidade térmica, o comportamento do material em suportar **bruscas variações de temperatura**. Esse comportamento é função do coeficiente linear de dilatação, da condutividade térmica e da resistência mecânica.

5. Geralmente possui acentuada **estabilidade** perante a umidade, **dependendo**, porém, de sua composição. Sendo frequentemente um silicato, e tendo o silício a propriedade de ser **repelente** à água, justifica-se esta propriedade. Quando se eleva a **porcentagem** de materiais alcalinos, observa-se uma redução dessa propriedade. Atinge-se uma situação em que, no caso de vidros compostos apenas de Na_2O ou K_2O, e perante elevação de pressão e temperatura, o vidro se torna totalmente **solúvel** em água.

6. **Apresenta elevadas perdas dielétricas**, que ainda **se elevam** com elevação de temperatura, como se pode observar pela Figura 6.7. Essa propriedade torna **pouco recomendável** o uso do vidro perante **frequências elevadas**, pois poderá ocorrer destruição térmica. O valor das perdas depende de sua composição, notando-se uma redução das mesmas na presença de **óxido de metais pesados ou óxido de cálcio**.

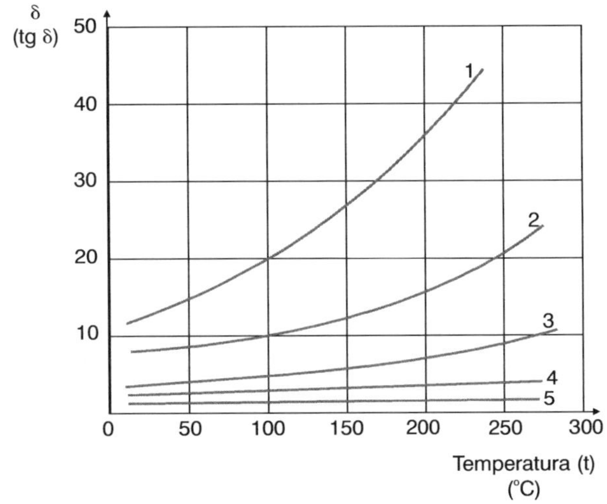

Figura 6.7 • Variação da tg δ do vidro alcalino com variação de temperatura, sem acréscimos:
1 – 2: vidro de sódio;
3 – 4: vidro de titânio;
5: vidro de boro.

Fabricação

Na fabricação de peças de vidro, procede-se, basicamente, sempre do mesmo modo. Estabelecidos os componentes necessários ao vidro, efetua-se a sua fusão, geralmente perante temperaturas entre 1 350 e 1 500 °C, em fornos apropriados.

Obtida a fusão, escolhe-se o processo de fabricação da peça entre um dos enunciados a seguir.

1) **Peças moldadas**: nesse caso, o líquido é despejado ou "pingado" em moldes, em seguida fechados sob pressão e, assim, se obtém a peça desejada, a qual poderá posteriormente receber certos tratamentos apropriados (choques térmicos etc.).
2) **Pressionando o vidro através de mandris**, de bocal plano, circular etc., obtêm-se placas planas, cilindros e outros perfis.

Assim também é obtida a **fibra de vidro**, caso em que bocais bem estreitos e pressões elevadas dão como produto **fios de vidro** de diâmetro bastante pequeno, podendo chegar **a 5 μm e menos**. Esses fios, trançados e associados, dão origem à telas, tubos e outras peças de fibra de vidro.

14 • A FIBRA DE VIDRO E SEUS PRODUTOS

Produto derivado do próprio vidro, a fibra de vidro tem-se destacado pelas suas **características favoráveis** em sua série de aplicações elétricas, substituindo, com vantagem, fibras de origem orgânica, como os papéis. A fabricação do tecido de fibra de vidro é semelhante à das demais fibras, tomadas certas precauções quanto à **lubrificação** que se torna necessária. Resulta, daí, um produto bastante **flexível**, que assim contrasta com a rigidez normal do vidro, e que, a exemplo das demais fibras usadas eletricamente, precisa receber o acréscimo de um **verniz**, nesse caso, com característica predominantemente de **colagem**, pois as fibras entre si não tem suficiente aderência. Sua fabricação é feita por diversos processos que aqui não serão abordados com detalhes.

Características

A flexibilidade e a resistência à tração da fibra de vidro é tanto **maior** quanto **menor** o seu diâmetro. Isso vem bem demonstrado na Figura 6.2, onde ainda vem indicada a variação do coeficiente de dilatação.

Fibras produzidas segundo processos modernos apresentam valores de resistência à tração da ordem de 20 N/mm^2, valor esse que, para ser mantido, exige uma proteção contra a ação do ar atmosférico. Nesse sentido, a fibra, ao ser produzida, recebe uma aplicação de óleo mineral, que posteriormente é usado no processo têxtil para reduzir o coeficiente de atrito. Se, posteriormente, a fibra de vidro deve receber um verniz de colagem, para torná-la adequada às aplicações elétricas, então elimina-se o óleo por queima à temperatura da ordem de 300 °C, após o que se aplica um sistema de lavagem e um tratamento com líquido apropriado para **facilitar a aplicação do verniz**.

Apesar de a fibra de vidro ser sintética, com superfície externa lisa, encontra-se também a fibra resultante de uma união de numerosas fibras de menor diâmetro, caso em que a superfície externa é mais rugosa, pois apresenta-se com inúmeras pontas de começos e fins de fibras menores. Dependendo do tipo de fibra, irão variar sobretudo suas características mecânicas, como se pode observar na Figura 6.3. As resinas geralmente associadas à fibra de vidro são as de origem **fenólica, melamínica, de poliéster e de silicone**, com destaque atual para a **resina epóxi**.

15 • MICA

A mica é um **mineral cristalino**, que se apresenta em forma de pequenas lamelas ou lâminas, com baixa força de coesão entre os diversos planos cristalinos. Em termos de composição química, a mica é um **silicato de alumínio**. Dos diversos tipos de mica existentes, dois têm aplicação elétrica mais frequente, a **muscovita**, que tem a composição $K_2O \cdot 3Al_2O_3 \cdot 6SiO_2 \cdot 2H_2O$, e a **flogopita**, com a fórmula $K_2O \cdot 3Al_2O_3 \cdot 12MgO \cdot 12SiO_2 \cdot 2H_2O$. Caracteriza-se pelas propriedades enunciadas a seguir.

1) **É encontrada com relativa facilidade**, o que fez desse isolante um dos mais antigos em uso. Na forma natural, se mantém em camadas facilmente divisíveis, permitindo obter-se lâminas ou lamelas de pequena espessura. No estado **natural** ainda, é encontrado associado a óxidos metálicos, que precisam ser **eliminados** antes da utilização elétrica, por meio de **purificação**.
2) **Na purificação** com eliminação consequente das impurezas, elimina-se também material **de ligação** entre as lâminas de mica, ficando o material sem meio aderente. Esse meio é **restituído** à mica em sua aplicação, através de um **verniz de colagem**. Por vezes, além do verniz, a mica recebe um **reforço mecânico** através de uma base de **papel ou de tecido**. Resulta, assim, um produto conhecido comercialmente por *micanite*, onde a porcentagem de verniz de colagem atinge até 25% do volume; em geral, porém, esse valor se situa em torno dos 5% do volume.
3) **O produto da mica com verniz** pode ser rígido ou flexível, dependendo das características do **verniz** usado. Vernizes rígidos dão como resultado produtos rígidos.
4) **A mica é um dos produtos** de mais elevada estabilidade térmica e **maior** temperatura de serviço, atingindo valores de até 1 000 °C. Como tal, é usado em numerosos casos de aquecimento elétrico. Sendo o produto de mica uma mistura de mica com verniz, a temperatura máxima admissível vai depender também **do limite de temperatura do verniz**, e que ainda se encontra em valores mais baixos. Assim, apesar de permitir uma temperatura muito alta, os produtos de mica têm sua temperatura **limitada** pelo valor máximo admissível tolerado pela resina do verniz.
5) Bom **comportamento mecânico**: a mica apresenta valores de resistência à tração e à compressão **bastante altos**; é, entretanto, sensível perante à flexão, o que faz da mica um material quebradiço no seu estado puro e em plaquetas grandes.

6) **Apresenta ótimas características elétricas**, cujos valores numéricos podem ser vistos na Tabela 5.3, variando esses valores com a espessura e a temperatura, como se pode observar nas Figuras 6.8 e 6.9.

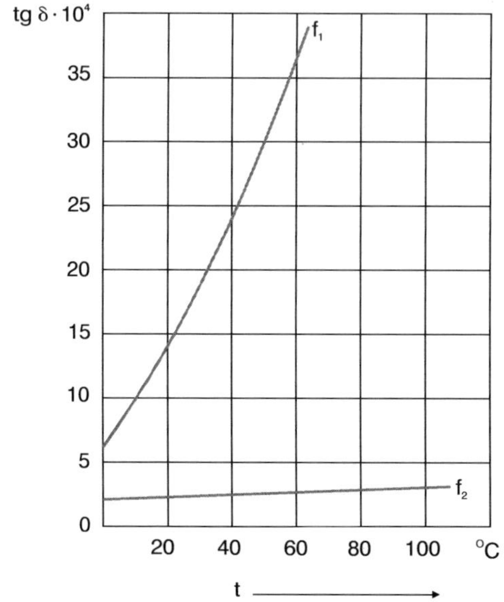

Figura 6.8 • Variação do fator de perdas tg δ, com a temperatura, da mica tipo muscovita 1: f_1 = 2 X 10^6 Hz; 2: f_2 = 60 Hz.

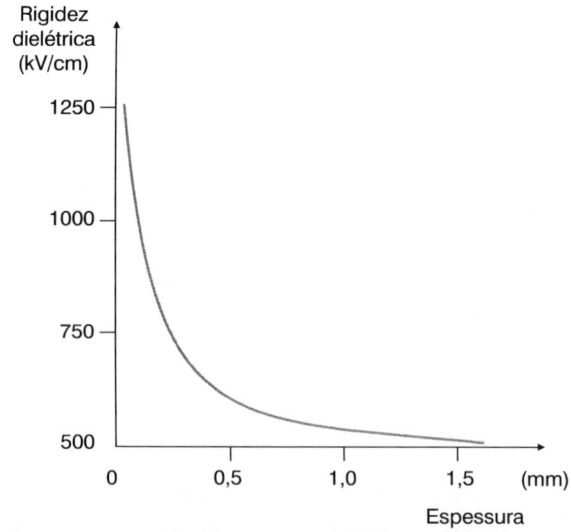

Figura 6.9 • Variação da rigidez dielétrica da mica (tipo muscovita) com a espessura de material.

7) **A mica é usada na forma de** grandes lâminas, lamelas e pó, sempre reforçada por material de base e impregnado com vernizes, se assim se fizer necessário, para o seu uso correto.
8) A **mica é relativamente higroscópica**, devido à sua estrutura lamelar.
9) **A cor da mica informa sobre sua qualidade**. Essa coloração é sobretudo devida à presença de **impurezas** de difícil eliminação, de modo que, quanto mais incolor a mica, melhor é a sua qualidade. As cores geralmente encontradas são o amarelado, o esverdeado e o avermelhado.

Produtos de mica

Partindo da mica no estado puro, têm-se os produtos enunciados a seguir.

1) **Placas de mica**. São camadas com espessura superior a 0,05 mm, usadas em equipamentos e componentes elétricos estáticos, como, por exemplo, em alguns tipos de **capacitores**, atualmente pouco frequentes. Essas placas de mica são também usadas para aparelhos térmicos, tais como aquecedores e ferros elétricos, onde um fio resistivo de aquecimento é envolto por placas de mica.
2) **Lamelas ou lâminas de mica**. Nesses casos, que são os mais comuns, a mica, necessita de aglomerante, e, eventualmente, também de um material de base. As lamelas de mica são coladas entre si, formando fitas, chapas, tubos etc., de acordo com a necessidade. Incluem-se, nesse caso, **canaletas de papel, mica e verniz de colagem**, usados para isolar ranhuras de máquinas, ou a isolação entre as lâminas de um coletor.
3) **Pó de mica**, obtido por **moagem** de lamelas. Esse pó de mica pode ser usado **como aditivo** a outras massas e pós, ou, senão, na forma combinada com verniz de colagem, ser prensado em moldes, dando origem a peças de micanite.

Em todos os casos mencionados, seja devido à relativa **higroscopia**, seja por causa da necessidade de **certas propriedades mecânicas** no seu uso, a mica é geralmente associada a vernizes e a outros isolantes. Assim, as características da mica pura não têm o mesmo significado como as de sua forma combinada. Assim, a rigidez dielétrica normalmente encontrada varia de 15 a 20 kV/mm, havendo, porém, casos em que atinge 40 kV/mm. A taxa de tração move-se, geralmente, em torno de 20 a 30 N/cm^2.

Não resta dúvida de que, nas aplicações elétricas, a forma composta de mica, conhecida por micanite, é a mais importante, devido à grande variedade de produtos daí resultantes. A micanite é encontrada em fitas e em placas, na forma flexível e rígida, em diversos tamanhos. A existência, em número cada vez maior, de resinas e, consequentemente, de vernizes, confere à **micanite** papel de destaque entre os isolantes elétricos.

Enquanto a micanite é basicamente formada de lamelas, o produto usando o pó de mica, por vezes conhecido por *micalex,* também tem ampla faixa de uso. O **micalex** é rígido, composto de pó de **mica e vidro de baixo** ponto de fusão. Em geral, a mica é do tipo muscovita, e o vidro, do tipo **borato de chumbo** ou **de bário**. Aquece-se a mistura até cerca de 600 °C, e, para a moldagem, aplica-se pressão da ordem de 60 N/cm^2. Obtém-se, assim, placas, pastilhas, ou outros formatos quaisquer, com diversos diâmetros e espessuras. Uma tal peça permite usinagem, furacão e outras modificações, caracterizando-se por **baixas** perdas dielétricas, **elevada** estabilidade térmica, boas características mecânicas e resistência à penetração de umidade.

16 • AMIANTO

É um material **mineral fibroso**, com brilho característico, flexível, resultante da transformação de **silicato de magnésio**. A estrutura física é cristalina. Conforme já vimos em análises anteriores, silicatos se apresentam numa estrutura tetraédrica de íons de SiO_4. Nos cantos dos tetraedros se encontra o átomo de oxigênio; no centro, o átomo de silício. Comparando com a **mica**, cuja estrutura tetraédrica **é do tipo plano**, no **amianto** essa estrutura é de tubos. Essas cadeias são, em seguida, ligadas entre si por íons de magnésio, formando os cristais de amianto. Dessas ligações, as de Si-O-Si são particularmente fortes, sendo as de Mg-O-Mg menos resistentes. Por essa razão, os cristais de amianto permitem uma divisão em filetes ou tubos. O amianto é encontrado na natureza dentro de pedras, em filetes, com espessura variável desde fração de milímetros até alguns centímetros. Quanto **maior** o seu comprimento, **maior** é o valor do produto.

Características

O amianto se destaca pela sua **elevada** estabilidade térmica e **alta** temperatura de serviço, mantendo sua resistência mecânica e flexibilidade praticamente inalteradas perante temperaturas em que as fibras orgânicas, antes de analisadas, **já estão sendo destruídas**.

Na sua estrutura, que é $3MgO \cdot 2SiO_2 \cdot 2H_2O$, na forma mais comum, a água é libertada apenas perante 300 a 400 °C, a partir da qual perde acentuadamente as suas propriedades mecânicas. A sua temperatura de fusão é cerca de 3 a 4 vezes mais elevada.

Suporta elevados esforços mecânicos, que se localizam numa taxa de torção de 35 N/cm^2, em média.

Apresenta **higroscopia** relativamente **elevada**, o que faz com que seja usado eletricamente com a devida impregnação com **resinas**, **óleos** ou **massas isolantes**. Dessa propriedade e da respectiva impregnação vão **depender** as características finais.

O amianto costuma vir acompanhado de **impurezas**, particularmente ferrosas, sendo, em especial, acentuada a influência negativa do Fe_2O_4. Essas **impurezas são eliminadas** por meio de **ácidos**.

O amianto é usado nas formas enunciadas a seguir.

1. **Pó.** O pó de amianto é, em geral, o resultado da decomposição de fios **muito curtos**, que aliás são os mais frequentes. Esse pó é usado de diversas maneiras, como, por exemplo:

   a) **recebendo como aditivo** um verniz e aplicando a massa sobre papel isolante; o produto assim obtido é **repelente** à água, de **elevada** estabilidade térmica e resistente a ácidos, álcalis e solventes orgânicos (com exceção do benzol e seus derivados);

   b) **preenchimento de fusíveis** do tipo encapsulado, atuando como elemento extintor, em substituição à areia (que também é um silicato).

2. **Fibras e respectivos tecidos.** Nesta forma, obtêm-se fitas, simples e combinadas com papéis, devidamente aglutinadas por meio de um **verniz de colagem**. Comparativamente com fitas orgânicas, as de amianto são duras, grossas e mal-acabadas. Por vezes, opta-se por uma mistura de fibras de amianto com fibras orgânicas, para se obter um tecido mais flexível e que, mesmo assim, ainda se destaque por **um bom comportamento térmico**. Mais recentemente, tem-se usado também a fibra de amianto misturada com a fibra de vidro. Para algumas aplicações elétricas especiais, usa-se o **cimento de amianto**, que substitui com vantagem **mármores** e produtos semelhantes. Nesse caso, fibras de amianto são misturadas com cimento e água, prensando-se a massa nas dimensões desejadas. Devido a elevada **higroscopia**, é necessário aplicar **verniz**. O cimento endurece e se liga rigidamente às fibras. Esse cimento, assim obtido, suporta bem o calor e elevadas solicitações mecânicas, o que leva a seu uso como base de dispositivos de manobra, câmaras de extinção do arco voltaico e paredes de separação de fase.

17 • BORRACHAS

Fundamentalmente podemos diferenciar entre *borrachas naturais* e *artificiais ou sintéticas.*

A **borracha natural** é obtida a partir do **látex**, que é o líquido retirado da seringueira, e que, para seu uso industrial, sofre um tratamento com enxofre e outros aditivos, dando origem à vulcanização da borracha. Entretanto, com o desenvolvimento de **borrachas sintéticas**, a borracha natural perdeu sua importância, sendo que, para as aplicações elétricas, são válidas, hoje, praticamente apenas as borrachas sintéticas.

A **borracha sintética** se desenvolveu sobretudo no sentido de resolver alguns problemas críticos da borracha natural, enumerados a seguir.

a) **Rápido envelhecimento** – a borracha natural se torna dura e quebradiça.
b) **É extremamente sensível** à gasolina e ao óleo, inchando acentuadamente.
c) **É atacado pelo cobre e pelo manganês**. Particularmente, quanto ao enxofre presente na borracha, este desencadeia uma reação inadmissível para finalidades elétricas. Lembrando o grande número de condutores em que se usa o cobre, já salta de imediato a importância dessa observação. A solução prática que se tem usado nesse caso é a **estanhagem** do condutor de cobre.
d) **Não permite temperaturas de serviço acima de 75 °C**. Acima desse valor, a borracha perde sua elasticidade.
e) **É também sensível à ação dos raios solares e da ozona**.

A borracha sintética tem como elemento básico o **isopreno**, que foi substituído posteriormente pelo **butadieno**, usando-se como catalisador o sódio (Na). Daí o fato de uma das primeiras borrachas sintéticas receber o nome de **buna**. Esse processo já sofreu uma série de modificações, adequando-se às novas observações e descobertas feitas. Por meio de métodos adequados, essa mistura é **plastificada**.

Características

As propriedades dos produtos prontos dependem acentuadamente do **processo de preparo**, **aditivos plastificantes** e outros aditivos. Com isso, podem ser adaptados às exigências que são feitas, inclusive preparando uma **camada** ou um **tubo** de borracha sintética com materiais diferentes na parte interna e na externa.

Observa-se, como regra geral, que as borrachas sintéticas são **inferiores** às naturais, no que se refere aos **esforços admissíveis** de tração; entretanto, são sensivelmente **melhores** quanto ao envelhecimento, estabilidade térmica, resistência perante agentes químicos e perante ozona, e mais resistentes à abrasão.

Entre as borrachas artificiais, que pertencem ao grupo dos termofixos, destacam-se as conhecidas por **EPR** (borracha de etilenopropileno), o **neoprene** e a **borracha butílica**.

O **neoprene** é obtido por polimerização do **clorobutadieno**, que apresenta **elevada** velocidade de reação devido à presença do cloro. Resultam, assim, cadeias de átomos intensamente interligados, de difícil manuseio. Esse clorobutadieno, mediante o acréscimo de certos produtos, se transforma no que se chama de neoprene, que recebe também estabilizadores de reação, para evitar sua modificação perante a temperatura ambiente. Nesse estado, o **neoprene** se apresenta como uma massa dura, malcheirosa e escura, **que não é inflamável**. Aquecido a 60 °C, e perante uma compressão, a massa amolece e permite facilmente sua aplicação.

Apresenta a vantagem de não precisar de enxofre para sua polimerização, bastando aquecê-la a 130-170 °C.

Vale lembrar que o enxofre apresenta problemas de ordem química em contato com o cobre; melhora, no entanto, as propriedades físicas da borracha, evitando o endurecimento do produto acabado.

O neoprene suporta 120 °C e mais, apresentando, assim, uma estabilidade térmica e **temperatura de serviço** superior à da borracha natural. Suporta também a **gasolina e o óleo**. A resistência à tração é um pouco inferior à da borracha natural, sendo também inferior em elasticidade.

As propriedades elétricas também **não são as melhores**, devido aos átomos **de cloro**, que são grupos polares. Por essa razão, o neoprene tem importante aplicação como **capa externa** de cabos, mas não como **isolamento** dos mesmos.

A **borracha butílica**, que substitui com vantagens a borracha natural, também sob ponto de vista elétrico, se apresenta com grande **flexibilidade**, **boa** resistência contra agentes químicos e, assim, **baixo** envelhecimento. A presença de **enxofre**, que dá ao material uma **maior** estabilidade, cria porém um problema em contato **com o cobre**, com o qual reage. Por essa razão, os condutores isolados eletricamente com borracha butílica devem ser **estanhados**. Sua temperatura limite de serviço é **menor** que a do neoprene, não devendo ultrapassar 85 °C.

A **borracha de etileno-propileno** (abreviadamente EPR, *ethylene propylene rubber*) é atualmente a borracha de melhores características. Esse material termofixo apresenta uma rigidez dielétrica levemente superior à da borracha butílica, inferior, porém, ao **polietileno reticulado**, que é um plástico também termofixo, com características bem **semelhantes** ao EPR. Apresenta baixo fator de perdas e valor de constante dielétrica **intermediária**. Suporta temperaturas até 90 °C em regime permanente. Quimicamente, o EPR é **excelente** perante a ação da **ozona** e aos **agentes químicos** presentes no ar. Mais detalhes sobre os tipos de borracha sintética ou elastômeros analisados estão contidos nas tabelas.

ATENÇÃO: Em volumes separados, sob o título “Materiais elétricos – aplicações”, o leitor encontra mais informações em componentes e equipamentos de uso diário.

Capítulo 7

Materiais magnéticos

1 • INTRODUÇÃO

As elevadas exigências que as aplicações elétricas modernas requerem dos materiais magnéticos fazem com que novas técnicas e novos produtos estejam permanentemente sendo pesquisados, com o consequente aparecimento de novas soluções para uma série de aplicações. Está-se passando lentamente dos tradicionais núcleos ferromagnéticos **estampados**, para núcleos fabricados por meio de **sinterização**, que é a compactação do pó de metal magnético, com a vantagem de permitir qualquer configuração do núcleo, o que não é praticamente possível com as chapas de ferro silicioso.

Porém, todas essas e outras modificações que vão surgindo apenas são possíveis através de um conhecimento profundo da estrutura da matéria, bem como dos fatores que podem fazer com que um **material magnético** se comporte de um determinado modo. Assim, vamos inicialmente abordar a **natureza estrutural** desses materiais.

2 • O CONCEITO DE DOMÍNIO

Conforme nos ensina a física, os materiais podem pertencer magneticamente ao grupo dos materiais **ferromagnéticos**, **diamagnéticos** ou **paramagnéticos**. Não resta dúvida de que, nas aplicações elétricas, o interesse predominante é o dos **materiais ferromagnéticos**, que serão também analisados mais amplamente.

Materiais ferromagnéticos se caracterizam por uma **magnetização espontânea**, que é independente de campos magnéticos externos. A grandeza dessa magnetização espontânea depende da temperatura, referindo-se esta a uma **temperatura crítica**, em que um material passa de ferromagnético a diamagnético.

Considerando-se, assim, um material ferromagnético abaixo dessa temperatura crítica, chamada de **Temperatura de Curie**, podemos observar que o mesmo é composto de um grande número de pequenas seções conhecidas por **domínios**, cujos contornos podem ser perfeitamente determinados, e que se caracterizam por possuir uma **única orientação magnética**, ou seja, são dotados, cada um, de **um vetor de campo magnético unitário próprio**.

Perante **ausência** de um campo magnético **externo** e de um **magnetismo próprio residual**, o vetor de campo resultante da somatória de todos os vetores de cada domínio tem **resultante nula**. Se este material e seus domínios estiverem expostos à ação de campos externos, os domínios são parcialmente **"arrastados"**, segundo a orientação desse campo. Esse comportamento é explicado pela Teoria Quântica e pela Física do Estado Sólido,com aspectos gerais abordados na parte inicial deste programa (volume 1).

Cada imã natural ou artificial apresenta uma subdivisão de partículas, de forma que cada uma ainda é um imã completo, ou seja, possui carga positiva e carga negativa de igual valor, mas de ação oposta. Essas duas cargas magnéticas **iguais** formam um **dipolo**. Nos imãs naturais, a maioria dos dipolos já se encontra orientada paralelamente; esse paralelismo é também obtido pela ação de um **campo magnético externo** de orientação constante (proveniente de uma fonte contínua).

A característica básica de um dipolo magnético é o vetor do **conjugado magnético dipolar**, Md, resultante do produto do valor absoluto da carga magnética m pelo **vetor distância l entre os pólos** do dipolo, e assim:

$$Md = m \cdot l.$$

Cabe lembrar ainda a correspondência que existe entre o campo magnético e a corrente elétrica nos ímãs, e destes, por sua vez, o **efeito de indução** e o da **tensão induzida**. O **campo magnético** pode ser descrito pela análise da **totalidade dos dipolos existentes**.

O **momento magnético** de um imã, por **unidade de volume**, é igual à soma dos **momentos dipolares elementares**, e assim:

$$J = \Sigma Md.$$

O vetor J recebe o nome de **polarização magnética** ou de **magnetização** (intensidade de magnetização), e está relacionado com a **intensidade do campo** H no interior do material como segue:

$$J = \chi \cdot H.$$

A grandeza $\varkappa$ é conhecida por **suscetibilidade magnética**. A **indução magnética** B, que indica o fluxo magnético por unidade de superfície, resulta de:

$$B = \mu H + 4\pi \cdot J.$$

Introduzindo o conceito de **permeabilidade magnética** μ, teremos:

$$B = \mu \cdot H.$$

Materiais nos quais o valor de μ é independente do **campo magnético**, e dependendo do **sinal** que antecede à **suscetibilidade**, são classificados como diamagnéticos ou paramagnéticos.

Diamagnéticos são os materiais com **suscetibilidade negativa** ($\varkappa < 0$, $\mu < 1$). A grandeza (valor numérico) de $\varkappa$ desses materiais é muito **pequena**, podendo-se citar, como exemplo desse grupo, **gases inertes**, **metais** (cobre, bismuto, gálio, ouro etc.), bem como **grafita**. O diamagnetismo é explicado como segue: sob a ação de um **campo magnético**, os elétrons que giram em torno do seu **próprio eixo** vão se ajustando, libertando durante esse ajuste um **momento magnético**, dirigido **contrariamente** ao campo de **magnetização aplicado**. Com isso, o campo aplicado é **enfraquecido**.

O paramagnetismo representa materiais com **suscetibilidade positiva** ($\varkappa > 0$, $\mu > 1$). O valor é novamente de **pequena** grandeza, podendo-se citar, como exemplos de materiais desse grupo, o alumínio, a platina e certos sais de ferro, de cobalto e de níquel.

Tanto os **diamagnéticos** quanto os **paramagnéticos** têm valor de permeabilidade em torno da unidade.

Um terceiro grupo, talvez o mais importante para as aplicações elétricas, é aquele em que a **permeabilidade** é função da **intensidade do campo magnético** ou seja, os materiais **ferromagnéticos**. Nesse caso, a grandeza da **suscetibilidade** é um valor **elevado**, podendo alcançar valores significativamente mais elevados do que os dos grupos já analisados. Incluem-se nesse grupo o ferro, o níquel, o cobalto, o cromo e outros, e suas respectivas ligas.

3 • CONSTATAÇÃO PRÁTICA DOS LIMITES DE CADA DOMÍNIO

Um levantamento estatístico das dimensões de cada domínio nos **levam** a grandezas da ordem de 10^{-2} a 10^{-3} cm, numa variação de infinitas posições dos seus átomos.

Perante temperaturas bem inferiores ao **Ponto de Curi**e pode-se determinar o contorno exato de um domínio. Magnetizando lentamente um **corpo de prova ferromagnético**, podemos induzir impulsos de tensão neste, através de uma **bobina** montada junto ao corpo de prova. Esses impulsos podem ser detectados através de um par de fones. Se a superfície é lisa e polida, e se sobre o mesmo aplicamos **finas limalhas de ferro**, essas limalhas determinarão o **contorno de cada domínio** pela própria orientação destas limalhas. Tal fato se justifica, uma vez que cada domínio se caracteriza por uma única orientação magnética, que orientará as limalhas, e, mudando-se de orientação, muda-se o domínio.

O limite entre as orientações será a **linha de separação** entre dois domínios. As **figuras** que assim resultam são chamadas de **figuras de Akulov**, em homenagem ao seu descobridor, representadas na Figura 7.1.

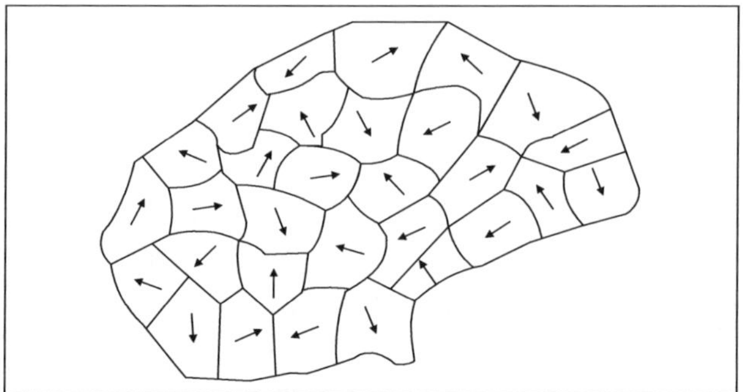

Figura 7.1 • Representação das figuras de Akulov devidamente ampliadas.
As setas em cada área parcial indicam os vetores-campo unitários em cada domínio.

4 • PARTICULARIDADES DA MAGNETIZAÇÃO E CLASSIFICAÇÃO DOS MATERIAIS

O processo de magnetização de um material ferromagnético é normalmente representado por uma curva, chamada de **curva de magnetização**, a qual, por sua vez, é a base do **laço de histerese**, que fornece informações mais completas sobre as características do material.

Tal curva vem representada na Figura 7.2.

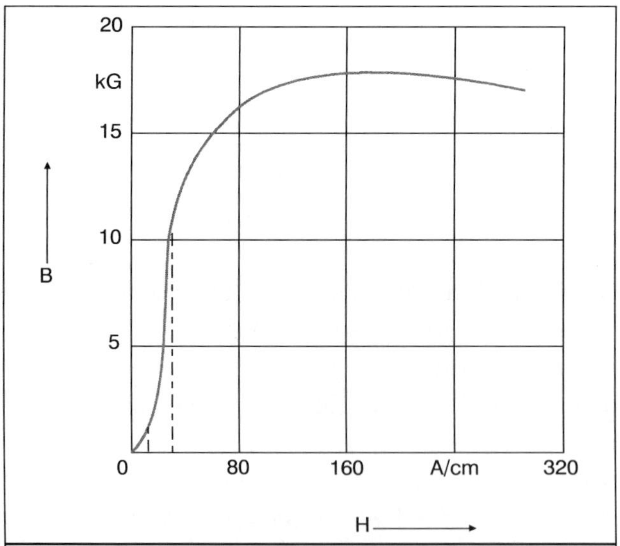

Figura 7.2 • Curva de magnetização "inicial" de um material ferromagnético.

No eixo **das abcissas**, coloca-se a grandeza **da intensidade de campo magnético** H e, nas **ordenadas**, o valor da **magnetização** I ou da **densidade de fluxo** B. A curva se inicia no estado de desmagnetização, com $H = 0$. **Elevando-se** a intensidade de campo gradativamente, nota-se uma elevação também de B, até que, a partir de um certo ponto, a elevação de H **não traz mais** uma elevação de B. Esse é o estado de **saturação** em que, apesar de **elevarmos** a **corrente ou o número de espiras** (ou o produto de ampère-espiras), não haverá disponibilidade de **maior** indução magnética. A Figura 7.3 apresenta algumas curvas típicas.

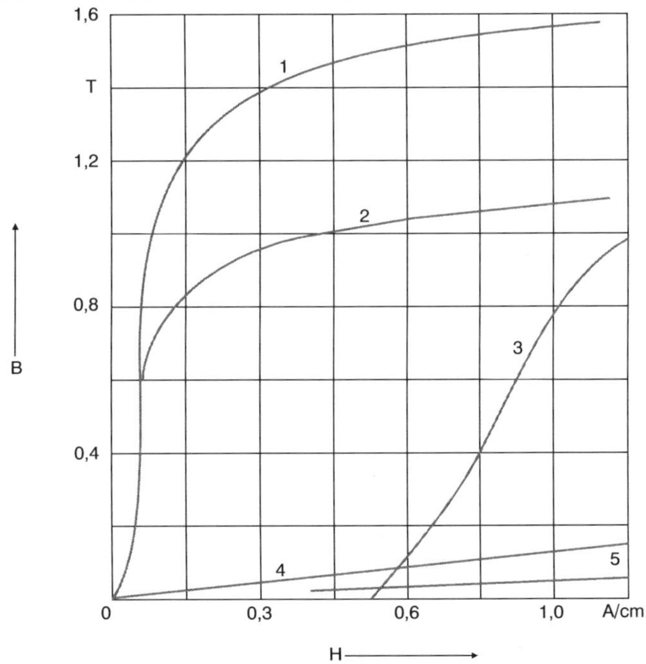

Figura 7.3 • Exemplos de curvas de magnetização: 1 – ferro puro; 2 – *permalloy*; 3 – ferro tecnicamente puro; 4 – níquel; 5 – liga 26 Ni + 74 Fe.

Analisando, em função da teoria dos domínios, podemos encarar a situação como é vista a seguir.

a) **No estado de desmagnetização**, ou seja, numa situação em que as forças magnéticas existentes nos domínios não tem resultante ativa. Ou seja, a **soma dos vetores unitários é igual a zero.**

b) **Aplicando-se um campo externo** (H), os domínios começam a se orientar segundo essa força externa. Com aumento do valor de H, também é **crescente** o valor dos domínios orientados segundo esse campo. Como as dificuldades oferecidas à orientação dos vetores-campo unitários de cada domínio são diferentes, **a própria curva não é linear, pois as resultantes individuais são diferentes entre si.**

c) Essa orientação dos domínios atinge um **grau máximo**, a partir do qual, mesmo elevando *H,* a orientação dos **domínios não se modifica mais**. E o material entra **na saturação**.

Conhecendo-se a curva de $B = f$ (H), e como a variação entre ambos, é a própria variação da **permeabilidade** μ (pois $B = \mu$ x H), podemos traçar a curva de variação de $H = f(\mu)$, dada na Figura 7.4; no caso, para dois exemplos de material magnético, uma do **ferro**, outra da liga **permalloy**. A permeabilidade inicial do material é indicada por μ_0, que se apresenta na condição de H = 0. Do outro lado, a **permeabilidade máxima,** $\mu_{máx}$, perante o estado de **saturação**.

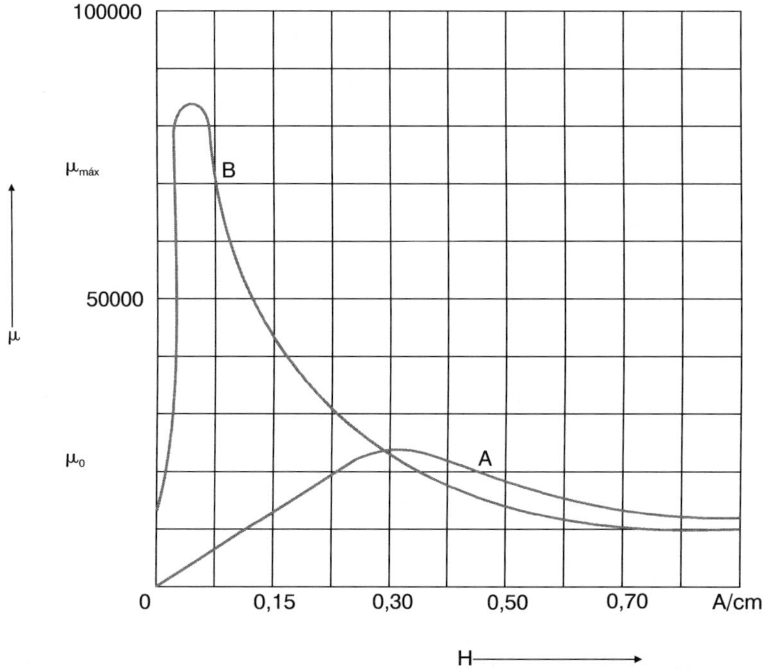

Figura 7.4 • Variação entre a permeabilidade (μ) e a intensidade do campo magnético (H). A – ferro puro; B – liga *permalloy*.

O laço de histerese, já mencionado anteriormente, é obtido a partir da **curva de magnetização**, reduzindo-se novamente o valor de H. Observa-se, então, que os valores de B, assim obtidos, **não coincidem com os valores iniciais** da curva. Chegando-se a H = 0, não teremos $B = 0$; o valor de $B = 0$ será obtido para um certo valor $-H$. Repetindo-se o processo com valores de H na orientação contrária, obteremos uma repetição do fenômeno, e a obtenção de um **laço de histerese** como o da Figura 7.5.

Fazendo novamente referência aos **domínios**, o fenômeno descrito ocorre devido à **quebra do equilíbrio** entre os vetores dos **campos unitários** dos domínios.

Existe, portanto, uma **resultante**, ou seja, existe uma **predominância** de uma certa orientação vetorial, consequente da ação orientativa do campo magnético externo aplicado.

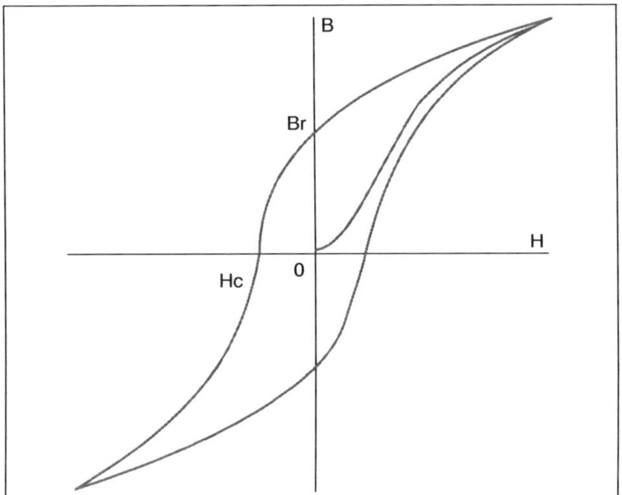

Figura 7.5 • Curva de magnetização inicial e laço de histerese de um material ferromagnético.

Essa **predominância** se faz sentir pelo aparecimento de **um magnetismo residual** *(Br),* no ponto $H = 0$, e uma **certa intensidade de campo magnético** (força coercitiva, símbolo *Hc)* no ponto de $B = 0$. Materiais com **pequeno** valor de *Hc* e de **elevada** suscetibilidade x são materiais magnéticos **moles**; quando ocorre o inverso, são materiais magnéticos **duros**.

A área interna deste laço, reflete diretamente a dificuldade que uma dada força magnética H encontrará em **orientar** os domínios de um material ferromagnético. Reflete, portanto, o trabalho realizado e consumido por H, para obter B. Assim sendo, o laço de histerese tem uma relação íntima com o **trabalho magnético** efetuado, trabalho magnético esse consumido pelos domínios. Não é, portanto, um **trabalho útil** do próprio processo de magnetização; é antes uma **perda de energia**, e como tal é qualificada. Chega-se, assim, a uma nova grandeza, que **é a potência de perda por histerese** (medida em watts), de um circuito magnético, potência essa medida praticamente **no ensaio de Epstein**. Essa potência de perdas se repete em cada ciclo de magnetização e, como tal, é **bem maior** em **corrente alternada do que em contínua**, e, ainda nas corrente alternadas, **tanto maior** quanto **mais elevada a frequência**. Em corrente alternada ainda, **somam-se** a essas perdas **as perdas devidas às correntes parasitas. A soma das duas grandezas define as perdas no ferro de um núcleo.**

$$P_p = P_h + P_{pa}.$$

5 • ANISOTROPIA CRISTALINA

Tomemos um cristal do sistema cúbico, aplicando-lhe um valor de *H* constante em diversas direções Figura 7.6.

Observaremos que os valores de *B,* daí resultantes, variam de valor, o que vem demonstrar que a **permeabilidade** é uma função da **orientação do campo aplicado**, o que é caracterizado pela existência de uma **anisotropia cristalina.**

Existem, portanto, direções cristalinas que conduzem **melhor** um campo magnético, ou seja, direções em que as **perdas são menores** do que em outras direções. Como a redução de perdas é uma preocupação sempre presente nos projetos elétricos, torna-se **justificável o interesse em se determinar, em cada conjunto de cristais** que formam um dado núcleo magnético, qual a direção em que se deve aplicar o campo magnético, ou seja, **qual** o *sentido preferencial de magnetização,* que, pela Figura 7.6, acompanha as arestas do cubo; o eixo de **maiores perdas** é o que une as diagonais internas; o de menores perdas é o paralelo à aresta do cubo (referência 100).

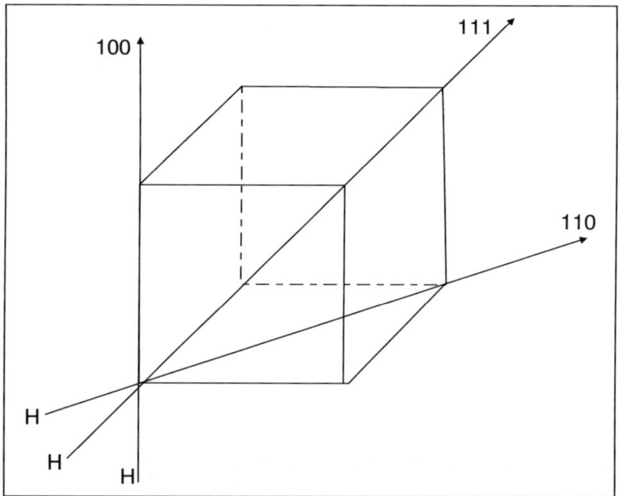

Figura 7.6 • Representação de um cristal cúbico normal em materiais ferrosos com os eixos preferenciais de magnetização (100: eixo preferencial de magnetização, e.p.m.).

6 • A MAGNETOSTRIÇÃO

Na magnetização de cristais ferromagnéticos, podemos também observar uma variação nas **dimensões físicas** do cristal, fenômeno esse chamado de **magnetostrição**. A grandeza dessa variação nas dimensões é função do eixo cristalino sobre o qual incide o campo magnético.

Se o campo for aplicado na direção da **aresta do cubo** representativo do cristal ferromagnético, o **cristal se alonga**. Se, ao contrário, a magnetização for dirigida no sentido de **uma das diagonais** do cristal cúbico, então o cristal se torna **mais curto**. Veja Figura 7.7.

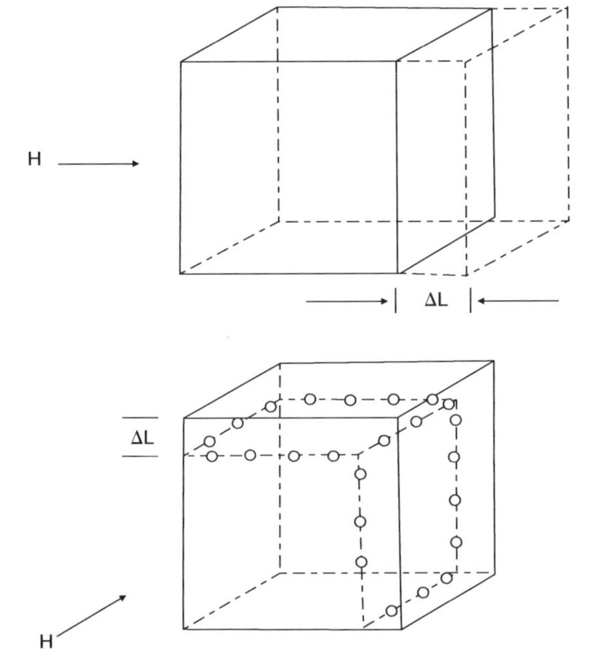

Figura 7.7 • Representação da magnetostrição.

A **magnetostrição** é observada tanto em mono quanto em policristais ferromagnéticos.

Deformações elásticas de cristais ferromagnéticos também influem sobre suas características magnéticas. Materiais com magnetostrição submetidos a **esforços de tração** sofrem **redução** de permeabilidade; assim, por exemplo, podemos **reduzir** sensivelmente a permeabilidade do níquel, sob ação de uma **tração**. Um tal material, em que, **sob ação** de uma força de tração, ocorre **redução** de permeabilidade, é classificado como tendo **magnetostrição negativa**; ocorrendo **elevação** de permeabilidade sob idênticas condições, **a magnetostrição é dita positiva**.

A propriedade da magnetostrição é usada em **sistema de controle de pressões**, como, por exemplo, em prensas automáticas. Nesse caso, o sistema mecânico, que deve operar a uma dada pressão, com certa tolerância, possui, no **ponto de aplicação dessa força**, um núcleo ferromagnético que, perante as condições preestabelecidas, tem uma distribuição de fluxo tal que não ocorra indução em um enrolamento, estrategicamente montado nele. Havendo, porém, **esforços anormais**, ocorre uma **variação de permeabilidade** que vai deformar o campo normal, a ponto de **induzir** uma diferença de potencial nesse mesmo enrolamento, **indução essa que vai ativar um sistema de controle de pressões**, até que se reestabeleça o equilíbrio mecânico da força aplicada.

7 • DEFORMAÇÕES CRISTALINAS

A existência de **tensões internas** ao sistema cristalino desses materiais **dificultam** a orientação dos domínios magnéticos perante a ação do **campo externo**, o que afeta a permeabilidade. A regra geral é que, nessas condições, a permeabilidade **decresce** e a força **coercitiva se eleva**. **Tais tensões internas aparecem devido ao trabalho mecânico aplicado ao corpo ferromagnético no ato de se construir um núcleo**, quando então as chapas, blocos etc., desse material, são submetidos a esforços de **cisalhamento** (estampagem), **dobramento**, **deformação** a quente e a frio por forja etc. Os cristais são, sob tais esforços mecânicos, quebrados e deformados na sua posição original, lembrando-nos da propriedade anteriormente analisada, *da anisotropia cristalina,* em que o material sofria **variação de suas propriedades magnéticas ao se variar a direção do campo incidente** sobre o cristal. Aplicando-se essas observações no presente caso, podemos concluir que, ao sofrer uma deformação do seu sistema cristalino em **parte de seu corpo**, essa parte estará com características magnéticas **diferentes** das do resto do material. Se o corpo ferromagnético como um todo sofreu anteriormente um processo de **orientação cristalina** (chapa **de domínios ou grãos orientados**), parte desses grãos não acompanharão mais a orientação normal do corpo, devido à deformação e, nessa parte, a permeabilidade do material será **baixa**, as perdas magnéticas resultarão **altas** e, além da perda de energia propriamente dita, **aparecerão aquecimentos** que podem atingir **níveis inadmissíveis**. Essa problemática vem demonstrada na Figura 7.8.

Essas deformações mecânicas podem e devem ser **eliminadas** ou, pelo menos, **acentuadamente atenuadas**, através de um aquecimento do material, chamado de *recozimento.*

O recozimento, pela ação de **dilatação** do corpo, elimina as **tensões internas** e faz com que o cristal deformado retome à sua posição inicial, fazendo **coincidir** novamente os eixos preferenciais de magnetização (sobretudo das bordas do material em que incidiram forças de cisalhamento durante o seu corte) com a porção interna do corpo magnético. Além da **deformação mecânica**, tais problemas podem também aparecer devido a **impurezas** do material, sobretudo no caso da presença interna de **bolhas de oxigênio** em ferro puro.

O recozimento de chapas ferromagnéticas é atualmente uma das **providências de rotina**, quando da fabricação de núcleos laminados (obtidos pela justaposição de um certo número de chapas, dando origem às **chapas de grão orientado**) de transformadores e outros equipamentos de elevada qualidade, o que vem demonstrar a real influência que essas **deformações** podem ocasionar sobre as **características** de um núcleo, particularmente no que se refere a suas **perdas**.

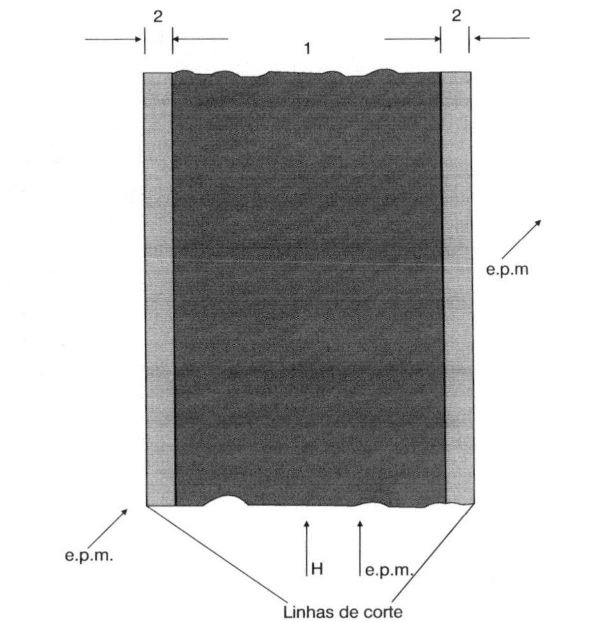

Figura 7.8 • Deformações que acontecem devido a esforços externos. Zona 1 – sem deformação cristalina. O e.p.m. coincide com a direção do campo H aplicado. Zona 2 – zona deformada devido a ações mecânicas externas. O e.p.m. não é mais coincidente com a direção de H.

8 • CORRENTE PARASITA E OS PROCESSOS DE SUA REDUÇÃO

O ferro é basicamente um material condutor, sob o ponto de vista elétrico, mas sofrendo também a indução de forças eletromagnéticas quando sujeito a campos magnéticos variáveis.

Por outro lado, esses campos, resultantes da ação de correntes alternadas, estão presentes na grande maioria dos equipamentos eletromagnéticos.

Como a corrente circula pelo enrolamento, e esse enrolamento possui, via de regra, núcleo magnético, a mesma ação indutiva de um enrolamento indutor sobre um induzido **se faz sentir sobre o núcleo do material**, no qual, se for formado por um corpo magnético de **baixa resistividade elétrica**, circularão correntes **induzidas** de grandeza considerável.

A redução dessas correntes é feita através do aumento da resistência elétrica do material magnético; sendo esse aumento obtido de duas maneiras: **elevando-se** a densidade do material, o que é obtido pela **compactação de pós de material ferromagnético** e consequente fabricação de *ferrites*, ou pela fabricação dos núcleos, não de corpos maciços, mas sim laminados, com suas lâminas isoladas entre si. Vejamos, inicialmente, os *núcleos laminados*.

Capítulo 8

Núcleos laminados

Ao ser calculada para a sua ação magnética, a seção necessária de um núcleo para conduzir dado número de linhas de campo magnético, e assim obter um certo valor de B (indução), em função de um dado número de H (ampere-espiras), temos de escolher também um material com **determinada permeabilidade** μ.

Essa seção é calculada para que o *ponto de trabalho* **do núcleo**, ou seja, a condição em que ele vai operar, corresponda a um ponto prefixado da **curva de magnetização**. Os casos normais de núcleos de motores, transformadores, indutores, reatores etc. é o de se usar um ponto de trabalho na parte da curva de magnetização **em que esta é reta**, para se ter uma certa proporcionalidade de operação para cima e para baixo, e para que um aumento de H corresponda a um aumento *linear* e diretamente proporcional a B. Casos existem, porém, em que se trabalha com núcleos projetados mais próximos do **ponto de saturação**, ou mesmo já na **faixa de saturação**, situação em que **não se deseja** um aumento de B quando H sofre um aumento. É o caso dos **núcleos saturados ou semissaturados**.

Calculada a seção transversal, temos de construir o núcleo, no presente caso, usando a **justaposição de lâminas**. Essas lâminas de material ferromagnético de dada composição, que estudaremos mais adiante, se compõem do material ferromagnético, propriamente dito, e de um revestimento isolante. É claro que a seção de material a ser colocada se refere unicamente à parte de material magnético da chapa, sem o revestimento, apesar de este ter espessura bastante fina. Ocorre, entretanto, que justapondo chapa com chapa, e devido às irregularidades superficiais existentes, e apesar dos **elevados esforços de compressão** (compactação das lâminas) que são aplicados, teremos uma seção real do núcleo laminado **superior** à seção magnética pura necessária. Esse acréscimo precisa ser levado em consideração, ao se calcular o carretel ou o suporte de uma bobina ou enrolamento, bem como ao se determinar o comprimento de fio que vai ser necessário para construir o enrolamento. A Figura 8.1 indica esse problema.

A justaposição de um dado número de chapas, isoladas entre si, reconstruindo a seção magnética necessária, é explicada pela necessidade de se elevar a resistência elétrica à circulação das correntes induzidas no núcleo, chamadas de **correntes parasitas** (veja a Figura 8.1c) as quais, através das lâminas isoladas entre si, não podem circular com a facilidade existente numa seção única, não laminada. A redução das **correntes parasitas**, assim obtida, **reduz** o problema de **aquecimento** do núcleo devido às perdas Joule que apareceriam em suas seções transversais, sem, entretanto, prejudicar a circulação das linhas magnéticas, uma vez que o comprimento da lâmina acompanha a direção de circulação da linha magnética.

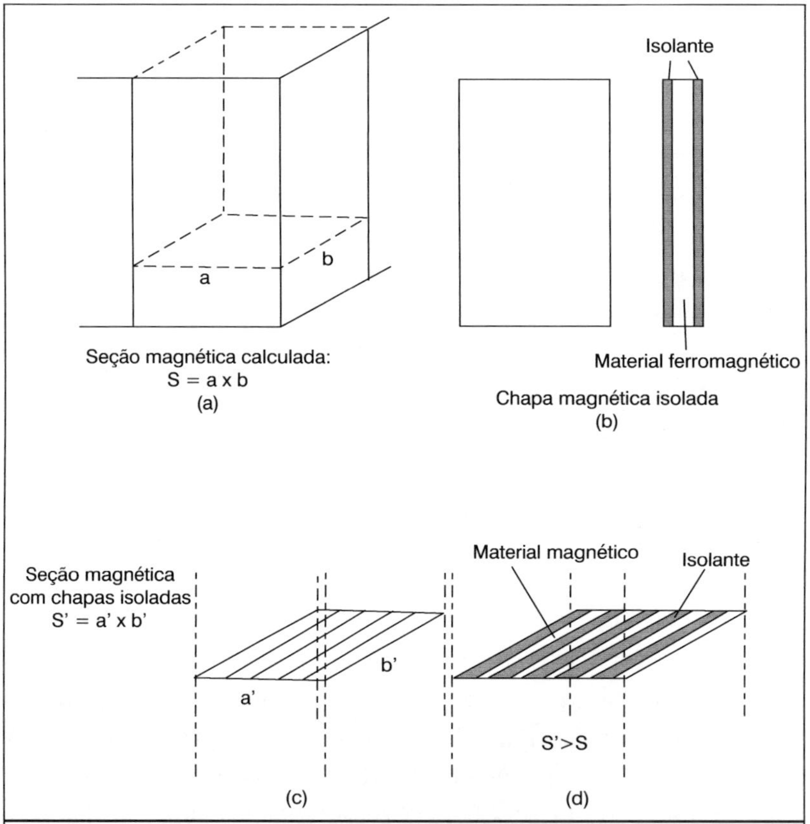

Figura 8.1 • Representação de núcleos laminados.

As **perdas**, assim reduzidas, são ainda função da **espessura** da lâmina: **quanto mais fina a lâmina, menores serão as correntes parasitas**, porque maior é a resistência elétrica oferecida à sua passagem. Existe, entretanto, um limite inferior mecânico e econômico para essa espessura.

Quanto mais fina a lâmina, **menor** é a sua resistência mecânica, e, em núcleos de grandes dimensões, teríamos problemas de montagem dos núcleos. Ainda, quanto mais fina a lâmina, **maior** é o número de lâminas necessárias para construir dado núcleo, o que eleva a mão de obra necessária, tanto na estampagem de cada lâmina quanto na sua montagem. Por essas razões, chegou-se a uma faixa de espessuras comerciais atualmente fornecida, que varia, em geral, entre valores de 0,3 a 1 mm de espessura.

Mas a simples redução de perdas pela laminação **não é suficiente** para levar o valor das **perdas a um nível desejado**. Outros processos de redução de perdas devem ser aplicados ao núcleo laminado, uma vez que essas perdas sempre estão ocorrendo no equipamento, **esteja este com ou sem carga**.

Observe-se que as perdas em um equipamento dotado de núcleo magnético se compõem das **perdas joule no condutor**, que são função da corrente de alimentação, e **as perdas no núcleo** que aparecem no mesmo instante em que se estabelece o campo magnético. Portanto, as **perdas magnéticas** se apresentam continuamente, bastando o equipamento estar ligado, enquanto as perdas joule **dependem** das condições de carga, ou seja, **em vazio o seu calor é bem menor que em carga**.

Por outro lado, as perdas magnéticas representam energia elétrica transformada em magnética, **que não realiza trabalho útil** e, por isso, deve ser mantida com o **mínimo** valor possível. Outros métodos de redução de perdas são vistos a seguir.

a) *Composição adequada do material magnético.* Sobre a composição do material usado serão ainda feitos estudos suplementares no que segue. Por ora, cabe indicar que o material usado na fabricação de chapas é o ferro com silício, ou ferro silicioso, com um teor máximo de silício da ordem de 3%. Porém, existem tipos com teores mais baixos. Vamos analisar essa variação.

O silício é um ótimo isolante, de modo que, quando acrescentado ao ferro, eleva a resistividade elétrica do material, **reduzindo, assim, as correntes parasitas**. O silício, porém, endurece extremamente o material, dureza essa tanto maior quanto mais **alta** a porcentagem de silício. Portanto, para efeito de **corte**, é interessante manter a porcentagem de silício a **mais baixa** possível.

Como existem outros recursos de **redução de perdas**, a tendência moderna é manter baixo o teor de silício e lançar mão de diversos meios que, combinados, **permitem reduzir as perdas** ao nível desejado, aplicando um ou mais dos processos que seguem.

b) *Tipo de laminação.* As chapas **laminadas a frio** apresentam **anisotropia cristalina** bem mais acentuada do que as laminadas a quente. Levada em consideração, essa **anisotropia** das chapas laminadas a frio levam a valores mais **baixos de perdas** do que as laminadas a quente. Deve-se, porém, cuidar para se usar a chapa no sentido **preferencial de magnetização**, em que o valor de "B" é **máximo**.

Por essa razão, em todos os casos em que o campo magnético tem direção constante, ou seja, em que o núcleo é **fixo** e o **elemento indutor** também (transformadores, por exemplo), e onde as perdas devem ser baixas, se usa **a chapa laminada a frio**.

c) Orientação dos grãos. Para o uso adequado da anisotopia, os **domínios ou grãos** devem estar orientados todos no mesmo sentido. Portanto, a **chapa já deve**

vir com essa orientação, o que é obtido por métodos **térmicos** adequados. Essa orientação granular leva, porém, a cuidados especiais, quando do corte ou estampagem dos núcleos, a partir da chapa completa, fornecida em chapas ou rolos; deve-se atentar para, quando do corte, fazer **coincidir** o eixo preferencial de magnetização com a **direção** das linhas de campo. Caso contrário, o material apresentará **perdas elevadas**.

d) Recozimento. Conforme já mencionamos e representamos na Figura 7.8, o corte das chapas **deforma** os cristais na **seção de corte**. Essas deformações significam a mudança **do eixo preferencial de magnetização** em relação ao resto do material. Assim, se aplicarmos um campo magnético orientado no sentido da **orientação dos grãos**, de modo a fazer coincidir os dois eixos com o de maior permeabilidade, a seção de corte **não estará operando nas melhores** condições e, consequentemente, apresentará **perdas elevadas** e inadmissíveis para os casos práticos.

Para resolver esse problema, procede-se um **tratamento térmico** a algumas centenas de graus centígrados, capaz de **eliminar** as tensões internas de **deformação** consequente, do corte das chapas, e reconduzir os cristais à sua **posição original** (ou o mais próximo desta). Assim procedendo, estaremos beneficiando o material e suas características.

Esse aquecimento, que é feito em fornos contínuos apropriados, recebe o nome de **recozimento**.

e) *Corte a* 45°. Vamos observar a Figura 8.2. Os núcleos magnéticos podem ser de diversos tipos, ditos em I, E, U e L.

Se os núcleos forem montados com perfis do tipo L, notaremos que parte das linhas magnéticas tem orientação coincidente com o eixo preferencial de magnetização, e parte, não. Nestas últimas, a parte horizontal, no caso da Figura 8.2, terá perdas **maiores** do que as permissíveis.

Tal problema se repete também, de modo um pouco diverso, na montagem de núcleos com perfis em E ou em E e I e de perfis em U ou em U e I.

Somente **não acontece** quando esse núcleo é montado com perfis em I, pois, nesse caso, a própria posição do I acompanhará a direção do fluxo magnético. É necessário, entretanto, estampar esses perfis, de tal modo que o seu comprimento maior seja coincidente com a direção do **eixo preferencial de magnetização**. Veja a Figura 8.2.

Os problemas que persistem são os da orientação das chapas e da direção do campo na **região das diagonais**. Nestes ainda persiste a discrepância entre o Eixo Preferencial de Magnetização, (ou simplesmente **e.p.m.**), e a direção das linhas do campo magnético.

Uma solução para esse caso é o **corte da chapa**, nas **extremidades, a** 45° e não a 90°. Nessas condições, a diferença entre a orientação do campo e o e.p.m. é sensivelmente reduzida, com o que se reduzem também as **perdas**. Veja a Figura 8.2, que explica o assunto.

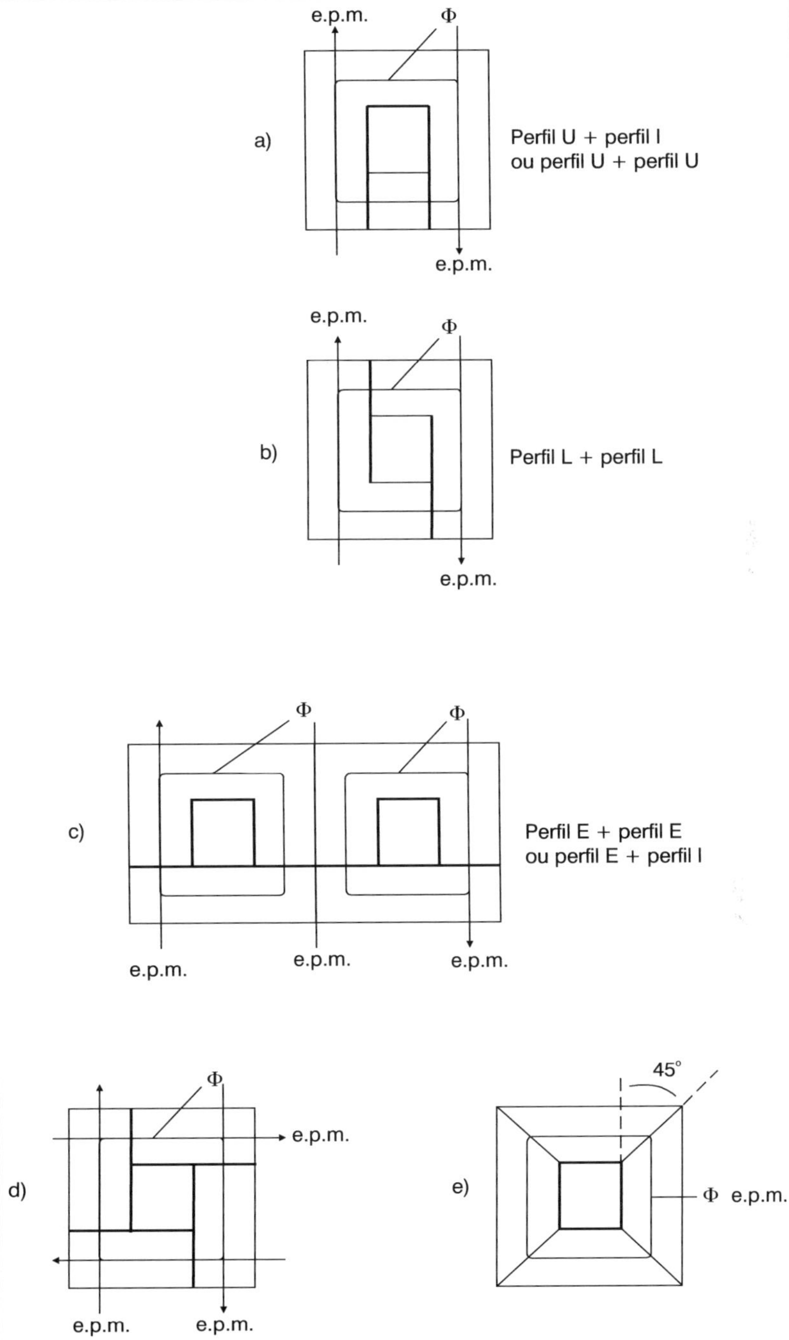

Figura 8.2 • Formas básicas de perfis das lâminas de materiais ferromagnéticos.
Nota: em todos, assume-se a orientação do campo H na vertical.
Φ é a linha média do campo magnético.

Capítulo 9

Núcleos compactados

Ao **invés** de serem montados com **chapas**, às quais nem sempre pode ser dada a **configuração ideal**, devido à própria limitação mecânica de corte e a problemas de montagem, os **núcleos compactados** são fabricados **com pós metálicos** e aditivos colocados em moldes adequados, que lhe dão a necessária configuração.

Esses pós metálicos apresentam características de resistividade elétrica **bastante elevada**, o que reduz sensivelmente as correntes parasitas. São, em outras palavras, praticamente **isolantes elétricos**, com características **ferromagnéticas**.

Os núcleos compactados, portanto, não exigem a prévia laminação de ferro, o corte da chapa em perfis e os diversos processos para corrigir problemas daí resultantes, como, por exemplo, o **recozimento**. Existe, entretanto, ainda hoje, uma limitação técnica e econômica de fabricação de tais núcleos, devido ao processo de compactação que precisa ser colocado em prática durante sua fabricação. Vejamos sucintamente o processo.

Conforme já mencionado, o núcleo compactado é consequente da compactação de pós, de composição previamente estabelecida, e sobre a qual a Tabela 9.1 apresenta alguns valores. Essa compactação é realizada através de um aquecimento a temperaturas de aproximadamente 1/3 a 2/3 da temperatura de fusão do material que compõe o pó, situação em que os **grãos do material** adquirem o estado plástico em sua **capa externa**.

Aplicando-se, nessas condições, uma **compressão adequada** sobre o pó, e deixando-se **esfriar** o corpo considerado, obteremos uma **"colagem"** entre os grãos do pó, que vão conferir ao corpo a **necessária resistência mecânica**. Observe que os pós, sem essa compactação, não têm forma própria, não podendo, portanto, ser usados como núcleo, destinados a receberem ainda enrolamentos em torno deles.

Existe, porém, um problema de fabricação. A *compactação* referida, função de **temperatura** e **pressão, se reduz** com aumento da **profundidade**. Se esta for grande, os pós **não são** suficientemente compactados, pois, tanto compressão quanto temperatura são **insuficientes** para obtê-la. Para eliminar esse problema, teriam de ser adotados processos de fabricação especiais, de **elevadíssimas** compressões e de aquecimento, o que encareceria o processo. Por essas razões, a técnica de fabricação de núcleos compactados se aplica somente a peças de pequeno e médio volume. Não resta dúvida, porém, que, sob o ponto de vista **técnico**, é um processo em franco desenvolvimento, devendo substituir gradativamente o dos núcleos laminados, devido às melhores características que oferece.

Tabela 9.1 • Valores típicos de núcleos compactados (ferrites) para imãs permanentes

Composição	Magnetismo residual (B_r) (tesla)	Força coercitiva (H_c) A/m x 10^4	B_r x H_c x 10^4 médio	$(BH)_{máx}$ x 10^4 médio
0,03C + 16Co + + 18Mo + 65,97Fe	0,90 – 1,20	3,0 – 1,8	2,2	1,0
32Ni + 15 Al + + 52Fe + 1Te	0,60 – 0,70	5,0 – 4,5	3,3	1,26
0,03C + 10Co + + 30Ni + 15 Al + + 6Cu + 38,97Fe	0,58 – 0,70	7,0 – 5,0	4	1,4
0,03C + 35Co + + 20Ni + 1Al + + 12Ti	0,58 – 0,70	9,0 – 7,0	5	1,75

Capítulo 10

Matérias-primas para núcleos

Dependendo da aplicação, escolhe-se ou forma-se, por mistura ou fusão, o material mais adequado. Vamos assim, por aplicação, analisar o material mais indicado, e suas variações.

1 • PARA IMÃS PERMANENTES

Os imãs permanentes devem apresentar um elevado **magnetismo residual**, o que é típico de materiais magnéticos ditos *duros*. O laço de histerese deve ser **largo e bastante alto**.

Além disso, devem manter por um tempo suficientemente longo o magnetismo residual (*Br*), sem alterá-lo sensivelmente perante variações de temperatura e ação de forças mecânicas.

Tais materiais são predominantemente **aços-carbono** de textura fina e **ligas sem carbono** que sofrem tratamento térmico. Vejamos detalhes destes dois casos.

a) Ligas de aço-carbono

São usadas ligas de aço-carbono, com cerca de 3% de cromo, para casos de imãs permanentes de **pequena** responsabilidade. Tais aços sofrem uma **têmpera** a 800-850 °C, durante 5 a 10 minutos. Notando-se um sensível **envelhecimento**, recomenda-se um acréscimo de **silício**. Também tem comportamento **estabilizante** o acréscimo de certas quantidades de **tungstênio** (W).

Podemos distinguir dois tipos de **envelhecimento**: o **magnético e o estrutural** O **envelhecimento magnético** é consequência da ação de **campos alternados**, variações de temperatura, ação de forças mecânicas e outros fatores que influem sobre o posicionamento dos domínios, previamente orientados para apresentar elevado valor de *Br*. *(magnetismo residual).*

O **envelhecimento estrutural**, por seu lado, é consequente de modificações estruturais, irreversíveis, que ocorrem durante o uso. Outro tipo de aço-carbono usado nessa aplicação é o **aço-cobalto**, que, se é superior ao anterior em termos de características, é também de preço maior. O cobalto influi favoravelmente sobre o **magnetismo residual**, Br, e sobre o **ponto de saturação**. Acrescentando-se cromo, tungstênio, molibdênio, magnésio e outros, o magnetismo residual e a força coercitiva podem ser **elevados** ainda mais. Acentua-se, porém, o uso de ligas mais baratas, como as que contêm ferro, alumínio e níquel, que são ligas livres de carbono.

b) Ligas de aço sem carbono

São basicamente ligas de ferro, níquel e alumínio, com acréscimos de cobre e outros metais.

Fazendo inicialmente a análise das ligas Fe-Ni-Al, cabe observar que, **elevando-se a porcentagem** de níquel e de alumínio, ocorre uma sensível elevação da força coercitiva, que supera em dez vezes o valor apresentado pelos aços-carbono.

Ligas com 53% de ferro, 14% de alumínio e 33% de níquel (53Fe + 14A1 + 33Ni) apresentam um valor de *He* de até mais de 50 000 A/m. O magnetismo residual se **reduz** com redução da porcentagem do **ferro**. Por outro lado, essas ligas são muito sensíveis à presença de impurezas, como, por exemplo, de **carbono**.

Certas ligas à base de ferro adquirem características de imãs permanentes, quando às mesmas se aplica a **têmpera**, mediante uma elevação a 1 100-1 200 °C e **resfriamento brusco** a 600-700 °C. Para se obter uma otimização das características de magnetismo residual, deve-se ter o cuidado de obter um metal com **estrutura altamente homogênea**. Uma nova **elevação** da força coercitiva será atingida, se acrescentarmos cobre, cobalto, e outros.

Uma liga por vezes encontrada, apresenta uma composição de 5O,5Fe + 3,5Cu + 8Al + 14Ni 4- 24Co, que possui um **elevado** remanente magnético (1,2Wb/m^2), sendo que a curva de magnetização se aproxima de um **retângulo**, no sentido preferencial de magnetização.

Comparando as ligas Fe-Al-Ni com as Fe-Ni-Cu, cabe observar que as últimas permitem uma usinagem bem mais fácil, boa magnetização, mas não **retêm** esse magnetismo após ser retirada a fonte. Tais materiais são usados sobretudo em casos em que devemos concentrar as linhas de um campo magnético indutor sobre um induzido, com a preocupação de se reduzir a **dispersão magnética**. Dependendo de sua aplicação, esses materiais podem ainda ter de atender a condições de **elevada** saturação, **elevada** permeabilidade inicial, **elevada** permeabilidade máxima, pequenas perdas (em watts) etc. Vejamos os detalhes.

2 • MATERIAIS DE ELEVADO NÍVEL DE SATURAÇÃO

O ferro, na sua forma mais pura, apresenta uma saturação elevada (da ordem de 1 Wb/m^2).

Acrescentando-lhe outros metais, com exceção do cobalto, o fluxo de saturação se **reduz**. O cobalto acrescentado ao ferro, numa proporção de 30 a 40%, **eleva** o fluxo de saturação em cerca de 10%. Exige-se ainda uma **elevada** pureza do material. Por outro lado, **pequenas** quantidades de carbono, óxido etc. influem **negativamente** sobre as propriedades magnéticas do material.

A permeabilidade de tais materiais varia entre o valor inicial de 300 e um máximo de 10 000.

3 • FERRO E AÇO FUNDIDO PARA MÁQUINAS GIRANTES

A forma mais barata é o tipo de **ferro fundido** normal, composto de carbono e ferrita, com uma taxa admissível de tração de 120 N/mm^2.

O carbono quimicamente ligado, por exemplo, na forma de perlita, **eleva** sensivelmente o valor da força coercitiva, *Hc,* enquanto o carbono tem pouca influência. Pode-se obter a eliminação do carbono na forma de grafita **de dois modos**: elevando-se o teor de silício ou aplicando-se ao material um **recozimento** mais longo, a cerca de 800-900 °C, e, neste último caso, **eliminando-se** também, simultaneamente, **tensões mecânicas internas** resultantes da fusão. Os valores médios de indução se movem em torno de 0,60 a 0,90 Wb/m^2, com um valor máximo de permeabilidade de 240.

Mais dados na Tabela 10.1.

Outra solução mais aconselhável é o ferro **fundido temperado**, que **apresenta melhores** características mecânicas e magnéticas. Assim, a taxa admissível de tensão é cerca de três vezes superior (3 a 4 N/mm^2). O valor de *Hc* se **reduz** a 1/4, com uma média de 140 A/m, enquanto a indução se **eleva** a quase o **dobro** (veja a Tabela 10.1).

Este ferro fundido, entretanto, não pode ser aquecido a elevadas temperaturas.

O aço fundido, mais caro que os dois anteriores, consiste em uma solução tecnicamente ainda **melhor** quanto aos valores de indução e de taxa admissível de tração, mantendo praticamente a ordem de grandeza da força coercitiva, *Hc.* Mais dados estão na Tabela 10.1.

Tabela 10.1 • Chapas de ferro silicioso e suas propriedades. Dimensões da chapa: 1000 mm de comprimento por 750 mm de largura						
Espessura	**Perdas (W/kg), 60 Hz, perante**		**Valor de B (T) perante valores de H não menores que**			
	1T	l,5T	25 A/cm	50 A/cm	100 A /cm	300 A/cm
0,5	3,6	8,6	1,47	1,58	1,70	1,92
	3,3	7,9	1,58	1,62	1,75	1,97
	2,85	7,0	1,49	1,60	1,73	1,96
	2,6	6,4	1,47	1,58	1,70	1,92
0,35	2,3	5,6	1,46	1,57	1,69	1,89
	2,0	4,2	1,46	1,57	1,69	1,89
	1,6	3,6	1,46	1,57	1,69	1,89
	1,3	3,2	1,44	1,55	1,66	1,87
	1,2	2,9	1,44	1,55	1,66	1,87

4 • CHAPAS DE FERRO SILICIOSO

O ferro silicioso que, ao contrário do material anterior, é usado na **fundição de peças**, é fornecido como produto da laminação, em chapas com espessura entre 0,3 a 2 mm, sendo bitolas acima de 1 mm já consideradas **especiais**. Chapas especiais existem também com espessura de 0,03 mm, com características **altamente** favoráveis, porém com **acentuada** fragilidade mecânica em núcleos grandes.

A razão da montagem de elementos magnéticos através da **justaposição de chapas** já foi justificada anteriormente, no estudo feito dos processos de **redução** das correntes parasitas e das perdas magnéticas.

Como o próprio nome informa, as chapas de ferro silicioso resultam de um **acréscimo de silício ao ferro**, pois, graças às propriedades isolantes do silício, obtém-se, assim, um material eletricamente bastante resistente, o que **reduz** as perdas. Além disso, o acréscimo de silício permite **eliminar** o carbono e a quase total eliminação de oxigênio, o que **eleva** a permeabilidade inicial, **reduz** a força coercitiva e **reduz** também as perdas por histerese.

O silício, entretanto, **endurece** o material, sobretudo acima de em acréscimo de 4,5%, o que **dificulta** sua estampagem. A laminação dessas chapas pode ser feita de tal modo que se apresente com uma estrutura orientada, paralelamente ao sentido da laminação,e no mesmo sentido das futuras linhas do campo magnético, através de uma laminação adequada a frio com tratamento térmico especial. Resulta, assim, a *chapa laminada a frio de grão orientado,* que apresenta perdas bastantes baixas quando usada segundo o eixo preferencial de magnetização (e.p.m).

Este eixo deve ser particularmente respeitado devido à elevada anisotropia desse tipo de chapa.

Além da chapa laminada a frio, encontra-se grande aplicação da *chapa laminada a quente,* que se caracteriza por apresentar perdas mais **elevadas** que o tipo laminado a frio, sem ter, porém, uma anisotropia tão **acentuada**. Se compararmos, geneticamente, duas curvas de anisotropia desses materiais, teremos uma situação como a representada na Figura 10.1.

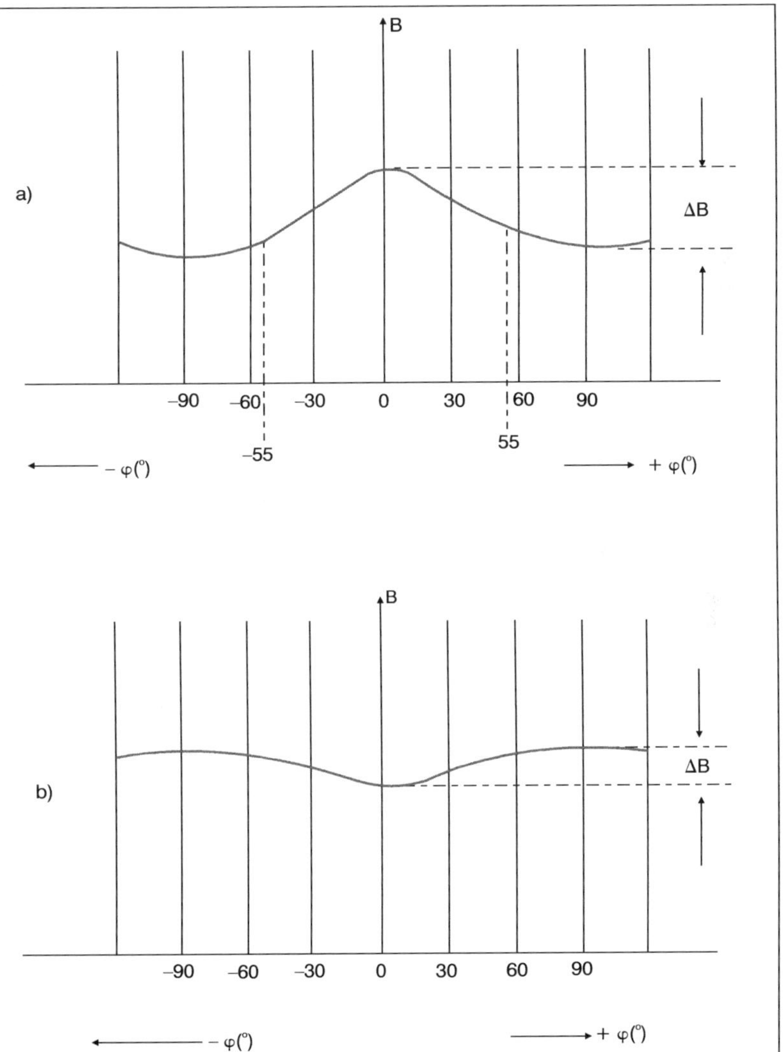

Figura 10.1 • Curvas características de anisotropia. a) chapa laminada a frio; b) chapa laminada a quente.

A **chapa laminada a quente**, devido a sua característica anisotrópica, encontra aplicação vantajosa em todos os casos em que os campos magnéticos **não circulam**

por núcleos de posição fixa, que é o caso típico dos **rotores** de máquinas girantes. Como nesse caso, mantida a orientação do campo, o núcleo se move, o uso de chapas de **elevada** anisotropia (laminadas a frio) levaria a uma sensível **elevação** das perdas devido à redução de permeabilidade em qualquer posição **fora** do eixo de magnetização preferencial.

No caso de núcleos móveis, existem infinitas posições não coincidentes entre o **e.p.m.** e a **orientação** do campo, o que **eleva** as perdas. Assim, neste caso, a chapa laminada a quente, sem anisotropia acentuada, resulta na **melhor** solução.

5 • LIGAS DE FERRO-NÍQUEL

As ligas de ferro-níquel apresentam **elevada** permeabilidade perante **baixas** intensidades de campo. Uma liga com 70 a 90% de níquel e o restante de ferro é uma das ligas **ferromagnéticas** mais conhecidas, recebendo o nome de ***permalloy***.

O tratamento térmico do *permalloy* consiste em um **aquecimento** até o rubro, em atmosfera de **hidrogênio** e reaquecimento até temperatura de 600 °C, seguido de **resfriamento brusco**. A velocidade de resfriamento influi sobre as propriedades magnéticas; assim, com **resfriamento lento**, a permeabilidade do *permalloy* decresce. Uma desvantagem apresentada por essa liga é a sua **resistência elétrica baixa**, o que **eleva** a circulação de correntes parasitas. Essa característica pode ser melhorada, por meio de uma elevação da resistência elétrica, acrescentando-se 5% de cobre ou 3% de cromo. Comparativamente com as chapas de ferro silicioso, o ***permalloy*** apresenta, perante **baixas** intensidades de campo magnético, permeabilidades 15 a 20 vezes **superiores** as das chapas antes mencionadas. A Tabela 10.2 apresenta as características magnéticas de algumas das principais ligas de ferro-níquel.

Tabela 10.2 • Características magnéticas de ligas de ferro-níquel ligadas a outros metais.

Designação	Composição porcentual	μ_o	$\mu_{máx}$
1040	72Ni + 14Cu + 3Mo + 11 Fe	50 000	100 000
Permalloy com molibdênio	78,5Ni + 3,8Mo + 17,7Fe	20 000	75 000
Metal Mu	76Ni 4- 5Cu 4- 2Cr + 17Fe	30 000	100 000
Megaperm 6705	67Ni 4- 5Mn + 28Fe	7.000	35 000
Supermalloy	79Ni + 5Mo + 16Fe	100 000	800 000

O uso dessas ligas é encontrado principalmente **em telecomunicações**, para fabricar núcleos de transformadores, relês, bobinas, blindagens magnéticas e para outros fins.

As ligas de níquel e ferro são classificadas em três grandes grupos, em função da porcentagem de níquel, a saber:

Grupo 1. Ligas com até 35% de níquel. Conhecidas comercialmente por **Anhyster A e B e Rhometal**, essas ligas possuem **baixas** permeabilidades perante **elevadas frequências**. Seu emprego principal é encontrado em transformadores de radiofrequência.

Com a mesma composição e em formato de finas lâminas, esses materiais são usados em componentes eletrônicos de média e alta **frequência**.

Grupo 2. Ligas com níquel acima de 35% e até 50%. Os nomes comerciais mais encontrados são **Hypernik, Anhyster C e D, Radiometal e Permenorm**, caracterizando-se **por baixa** resistividade e permeabilidade **maior** do que as ligas do grupo 1.

As ligas do grupo 2 são empregadas na radiotécnica, sempre que a frequência não é excessivamente **elevada**, porém para limites de frequência bem **superior** às frequências de audição. Seu uso é particularmente recomendado quando se tem **uma sobreposição de corrente alternada com corrente contínua**, como ocorre em alguns transformadores de enlace, cujo primário é alimentado por uma corrente contínua destinada a saturar o núcleo. Como exemplo, as características da liga Hypernik, dadas na Tabela 10.3.

Tabela 10.3 • Característica do hypernik

Característica	Valor
Permeabilidade máxima	700 000
Resistividade a 20 °C	46 μ Ω cm

Grupo 3. Ligas com 80% de níquel em média, o **Mumetal** e o ***Permalloy*** pertencem a esse grupo. O Mumetal possui 76Ni, 17Fe, 5Cu e 2Cr ou Mg. Essa liga possui valores de permeabilidade da ordem de 100 000, com valores iniciais superiores a 15 000. As perdas são da ordem de 0,1 W/kg perante 60 Hz.

De modo expressivo, a Figura 10.2 apresenta as curvas características do mumetal com outros da família dos obtidos na ligação com o níquel.

Na Figura 10.3, um gráfico que apresenta os **laços de histerese** entre o *Permalloy C* e um ferro silicioso, demonstrando de modo claro a diferença entre as **perdas magnéticas** dos dois metais, que, como sabemos, podem ser avaliadas pela comparação das **áreas internas** ao laço. O *Permalloy*, na sua forma original, apresenta grande sensibilidade perante **agentes térmicos** e **mecânicos**, o que é desvantajoso para uma série de aplicações. Esse problema foi resolvido acrecentando-se **molibdênio e magnésio**, dando origem, assim, ao *Permalloy B* e *Permalloy C*, este último apresentando características mais favoráveis.

O *Permalloy C* é obtido através da fusão de seus componentes em **forno elétrico de alta frequência**. Permite fácil usinagem, o que é pouco frequente nesse grupo de ligas. Apresenta **pequenas** perdas de histerese (veja a Figura 10.2, o que o torna adequado ao uso em **instrumentos de medida, transformadores para instrumentos de elevada qualidade e pequeno tamanho.**

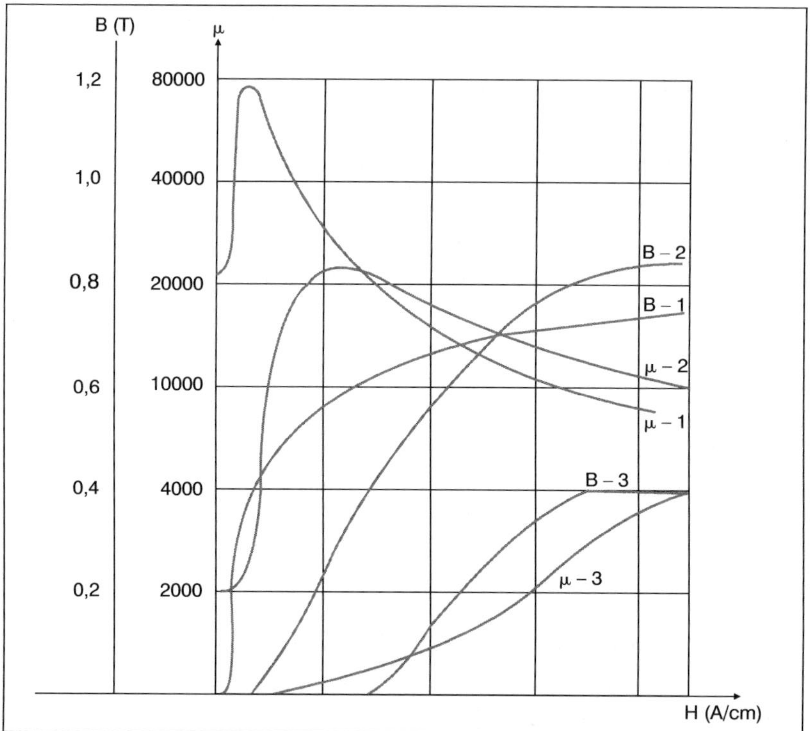

Figura 10.2 • Curvas de magnetização e de permeabilidade de 3 ligas magnéticas de ferro e níquel.
1 – mumetal; 2 – liga anister D; 3 – rhometal.

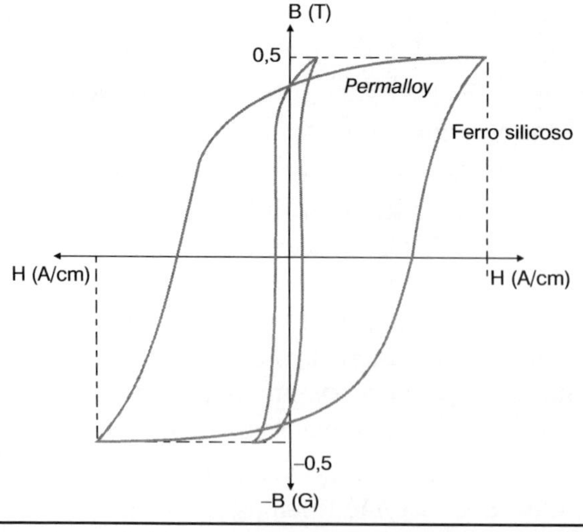

Figura 10.3 • Laço de histerese de um aço silicioso e do *permalloy* – C.

6 • LIGAS DE ALUMÍNIO-FERRO-SILÍCIO

As ligas Al-Si-Fe recebem o nome geral de *alsifer.* Para as finalidades correntes, a composição percentual de maior uso possui 9 a 10% de Si, 5 a 6% de Al e o restante de Fe.

Uma tal liga é particularmente dura, o que leva a **obtenção** de peças desse material por meio de fundição. Sua resistividade elétrica é de aproximadamente $P = 0{,}8\ \Omega\ \text{mm}^2/\text{m}$.

Como peça fundida, o seu uso é encontrado em peças de **instrumento de medição**. Em forma de pós, o alsifer é também utilizado na fabricação de **núcleos sinterizados** (ferrites).

7 • LIGAS DE FERRO-COBALTO

A característica principal dessas ligas é o seu **elevado ponto de saturação**, que se move em torno dos 2,5 T, apresentando, assim, valores um pouco superiores às ligas de ferro silicioso.

Essas ligas, contendo de 50 a 70% de Co, têm particular utilização nos núcleos de **alto-falantes, membranas de cápsulas telefônicas, oscilógrafos** etc.

8 • LIGAS COM CARACTERÍSTICAS ESPECIAIS

Incluem-se entre essas ligas as que apresentam:

1) pequena dependência entre permeabilidade (μ) e intensidade de campo magnético (H);
2) grande dependência entre permeabilidade (μ) e temperatura (T);
3) grande magnetostrição.

Grupo 1. Ligas com pequena dependência entre μ e H

Essas ligas possuem ferro, níquel e cobalto como componentes básicos, nas proporções 25Fe, 45Ni e 30Co. Recebem nomes comerciais particulares, destacando-se pelo seu uso o **perminvar**. A liga, assim obtida, sofre um tratamento térmico a 1 000 °C, havendo posterior redução a 400-500 °C, temperatura em que permanece um tempo mais longo, passando, em seguida, a um processo de **resfriamento lento**.

O **perminvar** possui **pequena** força coercitiva, sua permeabilidade é da ordem de 300. O Perminvar varia suas propriedades magnéticas perante **variação de temperatura e de tensões mecânicas**.

Outra liga do mesmo grupo, conhecida por **isoperm**, apresenta características magnéticas mais **estáveis**, perante variações de grandezas físicas externas (como temperatura, tensões mecânicas etc.). Essa liga se compõe de ferro, níquel e alumínio ou cobre. Sua permeabilidade é, entretanto, **bem inferior** (variando em tomo de 50 ± 30%) do valor do perminvar.

Grupo 2. Ligas com grande dependência entre a permeabilidade e a temperatura

São as importantes ligas ferromagnéticas, possuindo geralmente metais como ferro, níquel, cobre e cromo. Variando a sua composição porcentual, variam suas propriedades. São mais conhecidas comercialmente as designadas por ***Calmalloy***, ***Thermalloy*** e ***Kompensator***. Essas ligas são usadas para compensar **erros de medida** de instrumentos ocasionados por variação de temperatura.

Para se obter uma pronunciada dependência entre μ e t, escolhe-se uma situação tal que o material venha a trabalhar perto do seu **ponto de Curie** (t_c), no qual ocorre **brusca variação** de $\mu = f(t)$.

Esse ponto, para algumas das ligas desse grupo, se encontra entre 0 e 100 °C Como exemplo, o *Calmalloy* tem sua característica representada na Figura 10.4.

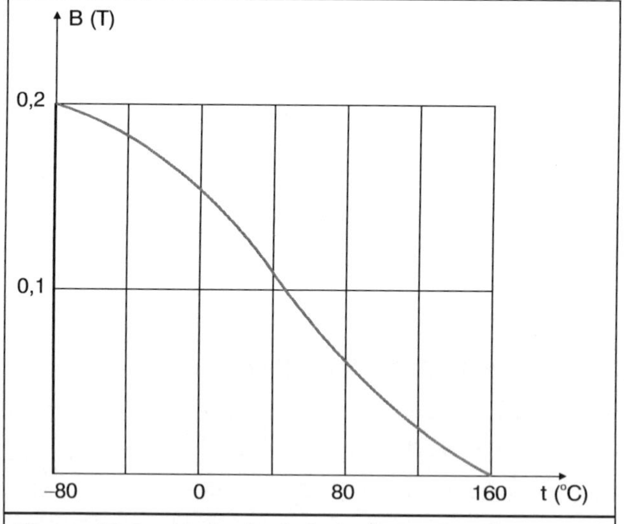

Figura 10.4 • Variação da indução em função da temperatura do *calmalloy*.

Grupo 3. Ligas com elevada magnetostrição

Ao grupo dessas ligas pertencem aquelas **com ferro** associado ao **cromo, cobalto ou alumínio**. Seu uso é encontrado principalmente nos **osciladores de elevada frequência**. Ao invés de liga, pode-se optar também, nesse caso, pelo uso do **níquel** em finas pastilhas, que se caracteriza por **uma magnetostrição altamente negativa**.

9 • MATERIAIS FERROMAGNÉTICOS PARA FREQUÊNCIAS ELEVADAS

Esses materiais devem apresentar uma estrutura de domínios tal, que sejam adequadas para uso em altas frequências, sem trazer os **problemas naturais do trabalho de polarização** e do calor das **perdas** assim resultantes. Além disso, os intensos campos magnéticos geralmente necessários levam à **necessidade** de materiais com **elevada resistividade elétrica**, propriedades que são particularmente encontradas nos ferrites, que são núcleos obtidos **por sinterização dos pós** de metais previamente escolhidos e dosados. A Tabela 10.4 apresenta alguns materiais desse grupo, como exemplos, uma vez que é grande e variada a família de núcleos sinterizados.

Tabela 10.4 • Propriedades de núcleos sinterizados

Designação	Permeabilidade μ	Coeficiente de temperatura da permeabilidade (l/grau)	Utilização
Aço carbônico para alta frequência	8	$+ 2 \times 10^{-5}$	Núcleos de diversos tipos para frequência até 100 MHz
Alsifer tipo *HF-15*	15	-7×10^{-5}	Núcleos de bobinas de filtro de telefonia para frequências entre 50 e 150 kHz
Alsifer tipo *HF-6*	6	-4×10^{-5}	Núcleos para bobinas de alta frequência até 45 MHz
Magnetita prensada	7	$+ 15 \times 10^{-5}$	Núcleos para aparelhos de radiodifusão

Os núcleos sinterizados, ou ferrites, se compõem de uma mistura de pós, basicamente Fe_2O_3, com acréscimos diversos de alumínio, silício, cromo, níquel etc., e de uma resina aglomerante, geralmente do tipo fenol-formaldeído, polistirol, goma-laca e outros. Essa resina aglomerante deve ter características de **penetração** entre os pós tais que "colem" entre si os grãos, que são simultaneamente **aquecidos e comprimidos**.

Um núcleo sinterizado se caracteriza por uma **elevada resistividade elétrica** (devido à presença da resina), por uma elevada **estabilidade térmica e permeabilidade de valor constante** durante um tempo de uso bastante elevado.

As perdas de tais núcleos podem ser classificadas em **perdas por histerese, perdas secundárias, perdas por efeitos de correntes parasitas e perdas na resina aglomerante**.

As perdas por histerese e as secundárias dependem **da natureza** do material, ou seja, do tipo de **estrutura** e do **comportamento** dos domínios, e como tais são proporcionais à **frequência**, de modo linear, enquanto as **perdas das correntes parasitas** variam com o **quadrado** da frequência.

As **perdas dielétricas**, provenientes do trabalho de polarização do isolante usado, em geral somente se fazem presentes perante frequência muito elevada.

As **perdas totais** de um tal núcleo de ferrite podem, portanto, ser expressas como segue:

$$P_t = P_h + P_s + P_p + P_d.$$

A **resistência elétrica** deste núcleo, por sua vez, é dada por:

$$R = r_h + r_s + r_p + r_{cu} + r_d,$$

onde $r_h + r_s + \mathrm{r_p} + r_d$ é a resistência elétrica total do núcleo e a $\mathrm{r_{cu}}$ é a resistência do enrolamento de cobre.

Para a **redução** das perdas de histerese, ou seja, para **elevação da resistividade** oferecida à corrente induzida por "histerese", recomenda-se o uso de pós de pequeno tamanho e de uma resina com aglomeração a **mais profunda** possível, para bem separar os órgãos metálicos entre si, **elevando**, com isso, a capacidade de isolação.

A permeabilidade real de um núcleo sinterizado é, entretanto, sempre **menor** que a dos metais presentes, face à presença de um certo volume de material, – **a resina aglomerante** –, que não possue características magnéticas. Esta permeabilidade real ou eficaz (μ_{ef}) leva à classificação destes núcleos em **3 grupos**, a saber.

1) núcleos sinterizados, com μ_{ef} entre 5 e 50, para frequências até 100 kHz;
2) núcleos sinterizados, com μ_{ef} entre 3 e 5, para frequências até 5 MHz;
3) núcleos sinterizados, com μ_{ef} entre, 1,5 e 3, para frequências acima de 5 MHz.

Tais núcleos são utilizados em bobinas de **filtros, geradores, circuitos emissores e transmissores**, e outros, caracterizando-se por **pequenos volumes** de material perante **elevadas induções** magnéticas, **formato mais adequado** e um melhor aproveitamento magnético do que núcleos laminados (resultando **menores** perdas), e, consequentemente, **menores** núcleos para certas induções, redução componentes e uma adequada adaptação às próprias condições impostas por **microcomponentes eletrônicos**.

Os problemas de uma necessária **aglomeração profunda** dos pós-metálicos e uma **limitação natural** desta profundidade levam ainda a limitar o uso dessa tecnologia a núcleos de volume relativamente **pequeno** e **pequenas** espessuras, se formos comparar estes núcleos com os usados em equipamento mais pesado, da área potência ou energia, que são laminados.

Os núcleos analisados no presente grupo sofrem, por vezes, um **envelhecimento acentuado**, devido à modificação que ocorre na resina aglomerante, à ação da umidade e da temperatura de serviço.

ATENÇÃO: No volume 3 (*Materiais elétricos: aplicações*), o leitor encontra mais informações sobre componentes e equipamentos de uso diário.